C 语言程序设计实验指导

陈燕敏　主　编

叶敏超　周杭霞　副主编

電子工業出版社

Publishing House of Electronics Industry

北京·BEIJING

内 容 简 介

本书主要介绍C语言程序设计实验内容，包括实验指导、实验参考解析、测试题及解析、编程练习题和附录。本书通过典型实例分析，帮助学生掌握C语言程序设计相关的重点和难点知识；通过实验内容设计，加强练习，使学生掌握基本编程方法，培养学生编程应用能力。本书知识点的讲解由浅入深，实验内容从实例的模仿编程开始介绍，由易到难，循序渐进，便于学生逐步掌握知识点。

本书可作为高等学校“C语言程序设计”课程的实验指导书，也可作为相关爱好者自学C语言程序设计的参考书。

图书在版编目（CIP）数据

C语言程序设计实验指导/陈燕敏主编. —北京：电子工业出版社，2022.2
ISBN 978-7-121-42928-6

Ⅰ. ①C… Ⅱ. ①陈… Ⅲ. ①C语言－程序设计－高等学校－教材 Ⅳ. ①TP312.8

中国版本图书馆CIP数据核字（2022）第024502号

责任编辑：戴晨辰
印　　刷：三河市鑫金马印装有限公司
装　　订：三河市鑫金马印装有限公司
出版发行：电子工业出版社
　　　　　北京市海淀区万寿路173信箱　　邮编：100036
开　　本：787×1092　1/16　印张：9.25　　字数：237千字
版　　次：2022年2月第1版
印　　次：2023年1月第3次印刷
定　　价：36.00元

凡所购买电子工业出版社图书有缺损问题，请向购买书店调换。若书店售缺，请与本社发行部联系，联系及邮购电话：（010）88254888，88258888。

质量投诉请发邮件至zlts@phei.com.cn，盗版侵权举报请发邮件至dbqq@phei.com.cn。

本书咨询联系方式：dcc@phei.com.cn。

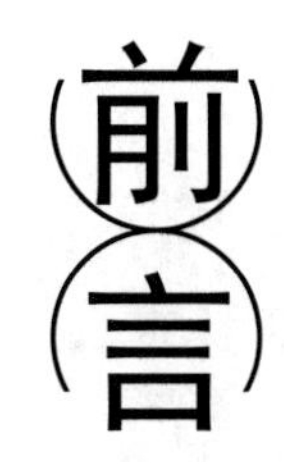

前言

C语言是普适性非常强的一种计算机程序设计语言，是多数高校理工科学生的必修课程。“C 语言程序设计”是一门实践性很强的课程，实验教学是其中非常重要的环节。为了帮助学生更快、更好地掌握C语言的基础知识，培养学生的编程实践能力，我们组织长期从事该课程教学的一线教师编写了本书。

本书共四章，第一章是实验指导，介绍C语言程序设计相关知识点和注意事项。通过典型实例分析，帮助学生掌握重点和难点内容。通过实验内容练习，让学生掌握基本编程方法，培养编程应用能力。其中，加*的内容，当实验学时不够时，教师可安排学生自学完成。本章实例由浅入深进行分析讲解，实验内容也是从实例的模仿编程开始、由易到难安排的，便于学生逐步深入学习。第二章给出实验参考解析，为学生提供解题思路。第三章介绍测试题及解析，供学生练习，帮助学生检验学习效果。第四章介绍编程练习题，供学生日常练习使用，以进一步提高编程能力，也可以作为考试的编程题库。书中所有程序均在 Visual C++ 6.0 环境中调试通过。

本书包含配套教学资源，读者可登录华信教育资源网（www.hxedu.com.cn）注册后免费下载。

本书内容精练、重点和难点突出、实验内容丰富，可作为各类高校非计算机专业“C语言程序设计”课程的实验指导书，也可作为读者自学C语言程序设计的参考书。

本书由具有多年计算机程序设计语言教学经验的老师编写完成。由陈燕敏任主编，叶敏超、周杭霞任副主编。

由于时间仓促、编者水平有限，书中难免有错误或不当之处，恳请广大读者批评指正。

作　者

目录

第一章　实验指导

实验一　上机环境简介

一、知识点

C 语言编程注意事项如表 1.1 所示。

表 1.1　C 语言编程注意事项

C 语言编程环境	Visual C++ 6.0、DEV、CodeBlocks、GCC 等
上机步骤	• 编辑源程序并以扩展名“.c”保存 • 编译生成“.obj”目标文件 • 链接目标文件和库文件，生成“.exe”可执行文件 • 运行该程序
程序的书写格式	• 每行写一条语句；｛和｝各占一行，上下对齐 • 采用递缩格式，内层语句右缩进，同层对齐 • 使用小写字母书写程序；通常用小写字母表示对象（变量、函数），用大写字母表示符号常量 • 适当注释，单行注释用//…，多行注释用/*…*/
程序调试方法	• 当编译或运行出错时，按提示修改错误，出错行可能在当前提示行、上一行或前面某行 • 从前往后修改错误，改完第 1 个错误后，先重新编译，再修改后面的错误 • 使用 debug 调试工具帮助找到隐藏错误，或通过 printf 语句输出中间结果，进行逐段检查 • 若编译器软件出现无法解决的故障，则按 Ctrl+Alt+Del 组合键，打开任务管理器的应用程序选项卡，选择相关任务并结束

程序编写调试常见错误及提示如表 1.2 所示（以 Visual C++ 6.0 环境为例）。

表 1.2　程序编写调试常见错误及提示

常 见 错 误	常 见 示 例	常见错误提示
字母拼写错误	main 错写为 mian	unresolved external symbol _main //无法解析的外部符号_main
字母大写和小写不区分或相似符号混淆	标识符 x 写成 X，或变量 x 未定义类型	undeclared identifier //未定义标识符 注意，x≠X，1≠l，0≠o≠O
中文和英文字符混淆	在本应输入英文的空格处输入了中文状态下的空格符号	unknown character ‘0xa1’ //未知字符‘0xa1’，这是汉字符号空格的编码 注意，‘0x’ 开头的是汉字符号的编码，中文标点符号 “”、‘’ 、；、，、。不同于英文的“ ”、‘ ’、 ;、 ,、.。程序应在输入法软件的英文状态下输入，字符串、注释等除外

（续表）

常见错误	常见示例	常见错误提示
遗漏或多加;、{ }、( )、“	printf(“%d”, x) 程序最后缺} printf(“%d, x);	missing ‘;’ before… //在…之前遗漏分号 unexpected end of file found //程序最后缺} newline in constant //printf 语句中遗漏一个双引号

忘记定义变量类型或赋值	int y=t; //t 还未定义
	int x; x=x+2;
		undeclared identifier //未定义的标识符
		local variable ‘x’ used without having been initialized//变量 x 未赋值就使用

源程序语句无错，但不能编译运行	源程序文件的扩展名错取为“.txt”	源程序文件的扩展名应为“.c”，若错误，则不能编译运行
scanf 语句中遗漏&	scanf(“%d”, x)	编译显示无错误，运行时会出错
程序运行结果错误		可在程序不同位置多设 printf()函数输出有关变量的值，分段检查调试
程序运行结果部分错误		使用全面的“测试数据”判断程序是否正确。例如，对于正数、负数、零 3 种不同类型数据进行处理的分段函数的程序，应该分别测试 3 种不同类型数据输入后的运行结果

二、实例分析

实例 1. 在 Visual C++ 6.0 环境下，编写程序 hello.c，在屏幕上输出“Hello world！”。

源程序：

```
#include <stdio.h>
int main()
{
    printf("Hello world!\n");
    return 0;
}
```

运行示例：

```
Hello world!
```

1）分析

启动 Visual C++ 6.0：选择任务栏中“开始”→“程序”→“Microsoft Visual Studio 6.0”→“Microsoft Visual C++ 6.0”命令，或双击桌面上该软件的快捷图标即可启动。

新建文件：启动后选择菜单栏中“文件”→“新建”命令，在打开的“新建”对话框中选择“文件”选项卡，再选择“C++ Source File”选项，输入文件名“hello.c”，指定文件存放的路径，单击“确定”按钮。随后，在编辑窗口可输入程序。

打开已有文件：选择菜单栏中“文件”→“打开”命令，然后在当前默认路径或指定路径中选择已建立的文件，单击“确定”按钮即可打开已有文件。

编译并运行程序：单击“编译”按钮，即可开始编译，编译成功后，单击“运行”按钮。注意，程序运行后，若想重新编译并运行程序，要将上一次运行后打开的控制台窗口关闭。当前程序编写调试完成后，若想编写调试新的程序，则需要先将前一个程序的工作空间关闭。

2）操作界面

操作步骤的界面如图 1.1～图 1.8 所示。

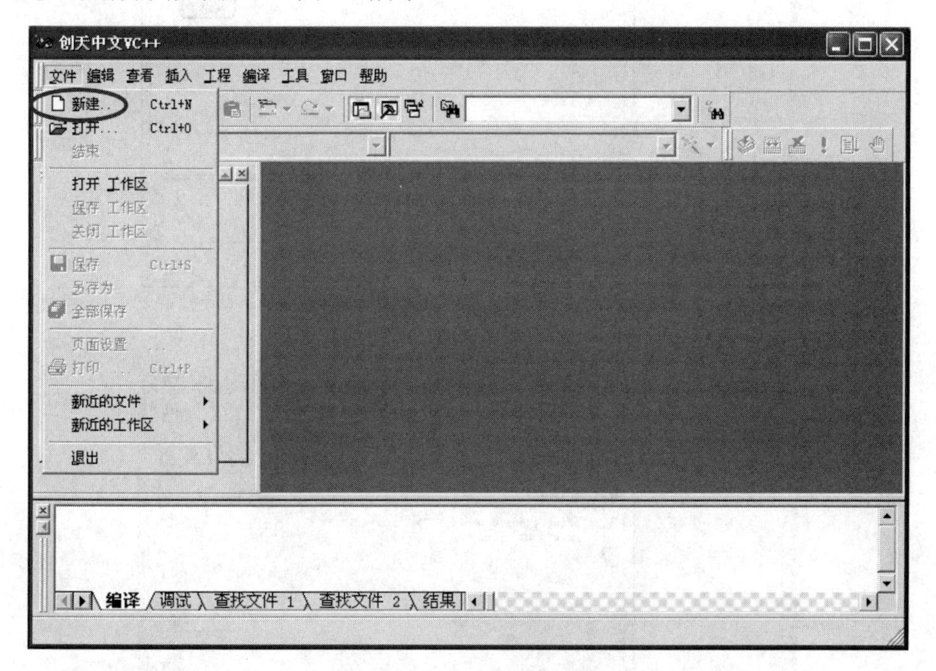

图 1.1 启动后的主操作窗口

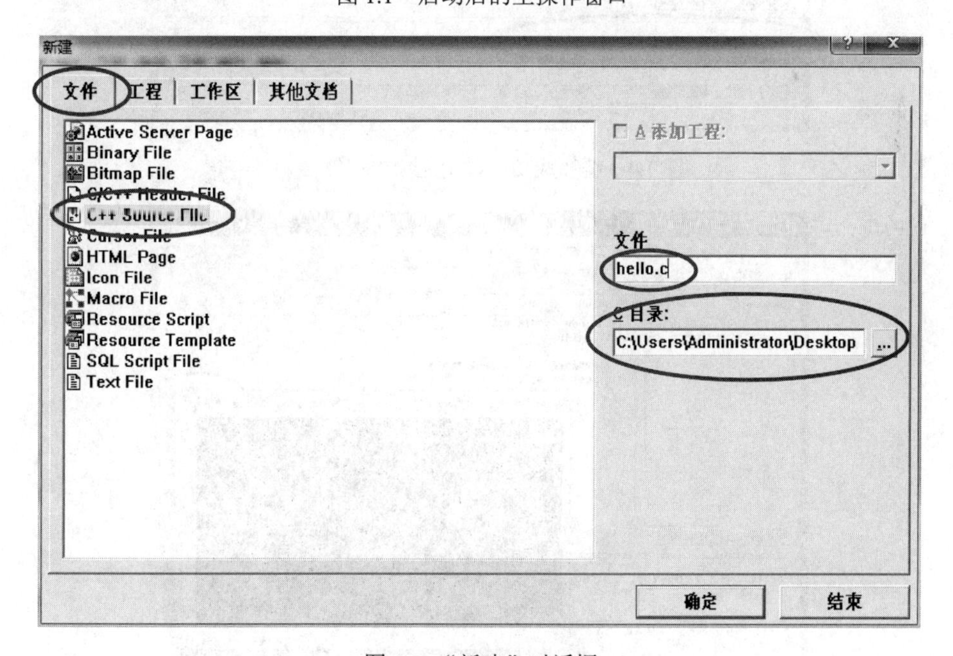

图 1.2 “新建”对话框

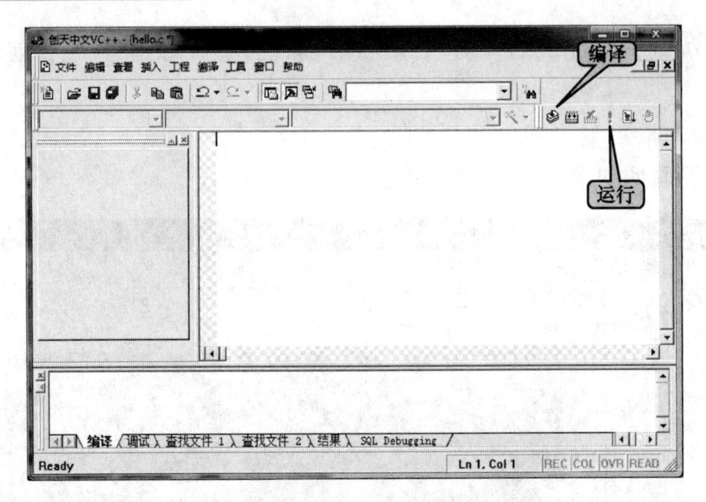

图 1.3　输入后，可编译和运行程序

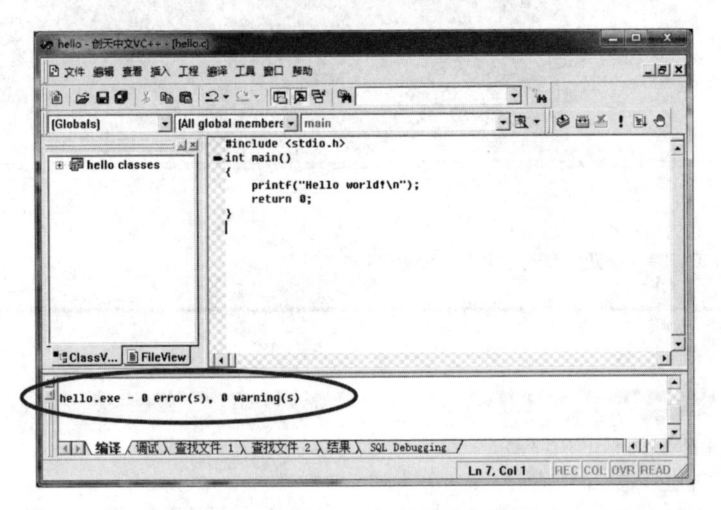

图 1.4　编译成功（显示无错误和警告）

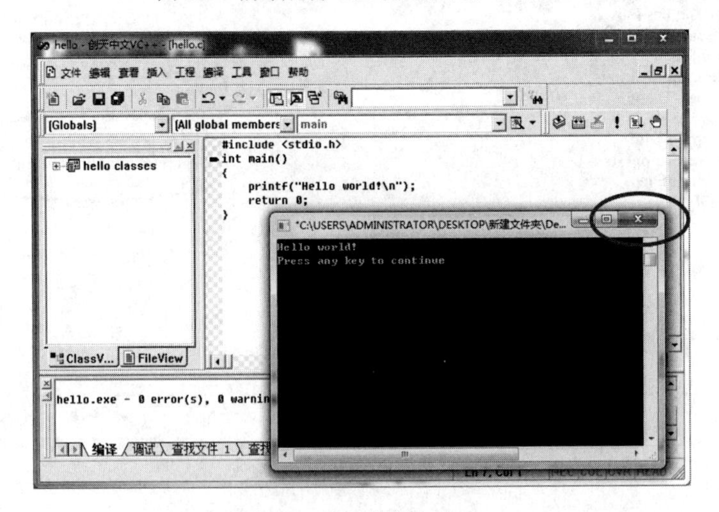

图 1.5　关闭控制台窗口

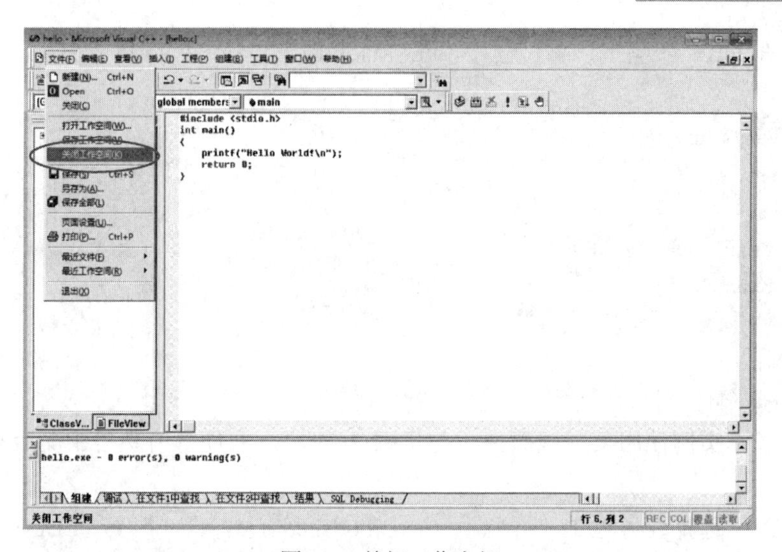

图 1.6　关闭工作空间

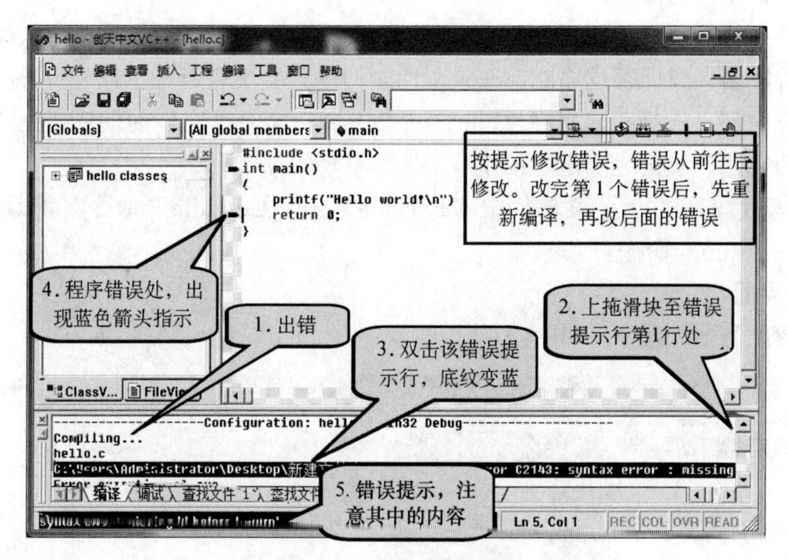

图 1.7　按提示修改错误

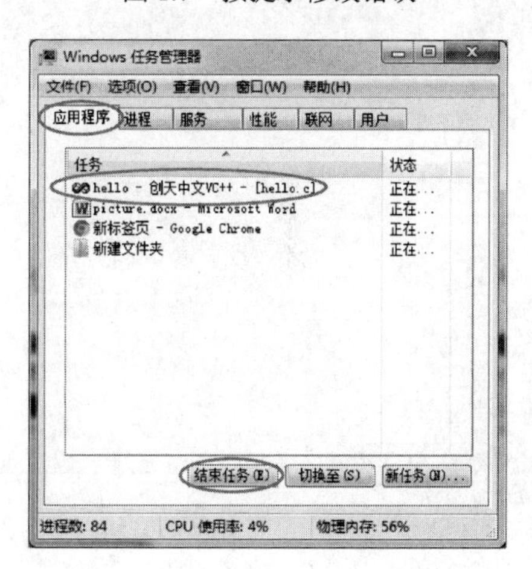

图 1.8　软件出现故障，使用“Windows 任务管理器”窗口结束任务

实例 2. 在 DEV 环境下，编写程序，在屏幕上输出“Hello world！”。

源程序：

```
#include <stdio.h>
int main()
{
    printf("Hello world!\n");
    return 0;
}
```

运行示例：

```
Hello world!
```

1）分析（本实例使用英文版软件，与实例 1 对应，方便读者熟悉中文版和英文版软件界面）

启动 DEV：选择任务栏中“开始”→“Bloodshed Dev-C++”→“Dev-C++”命令，或双击桌面上该软件的图标。

新建文件：选择菜单栏中“File”→“New”→“Source File”命令，进入编辑页面，输入程序，在首次编译或保存程序时，在弹出的窗口中指定文件存放的路径并输入扩展名。

打开已有文件：选择菜单栏中“File”→“Open”命令，在当前默认路径或指定路径中选择已建立的文件，单击“确定”按钮。

编译并运行程序：选择菜单栏中“Execute”→“Compile”命令，编译成功后选择“Execute”→“Run”命令。

2）操作界面

操作步骤的界面如图 1.9～图 1.16 所示。

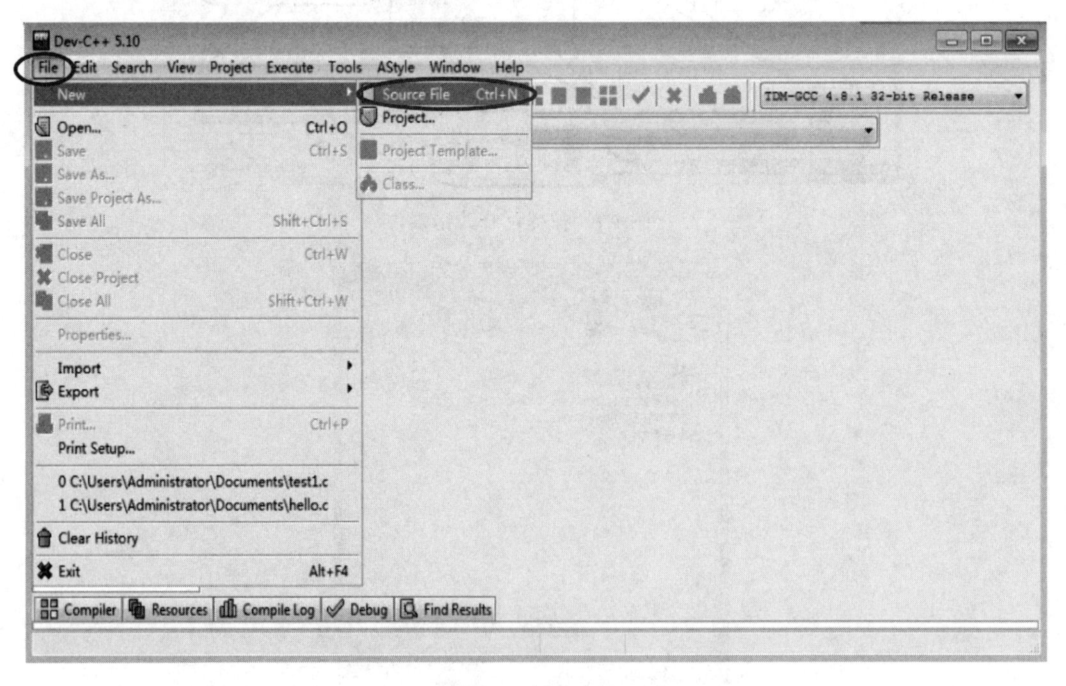

图 1.9　新建文件

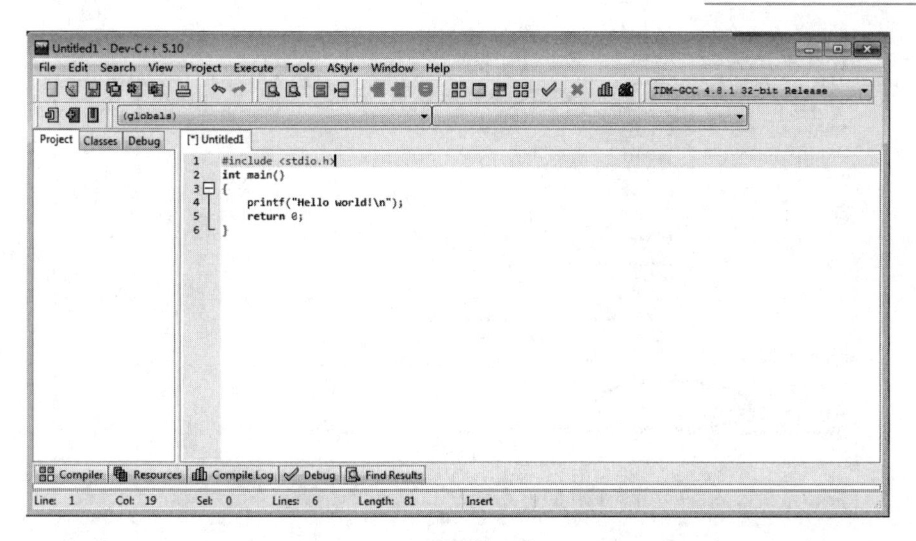

图 1.10　在编辑页面输入程序

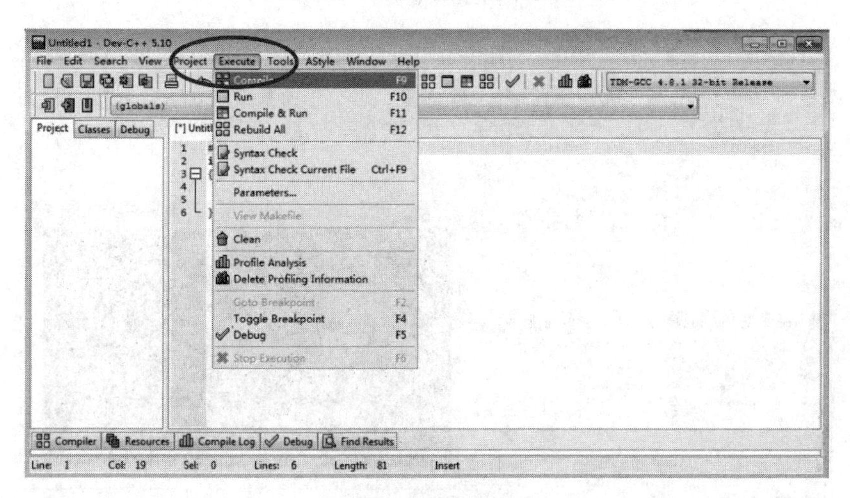

图 1.11　编译程序

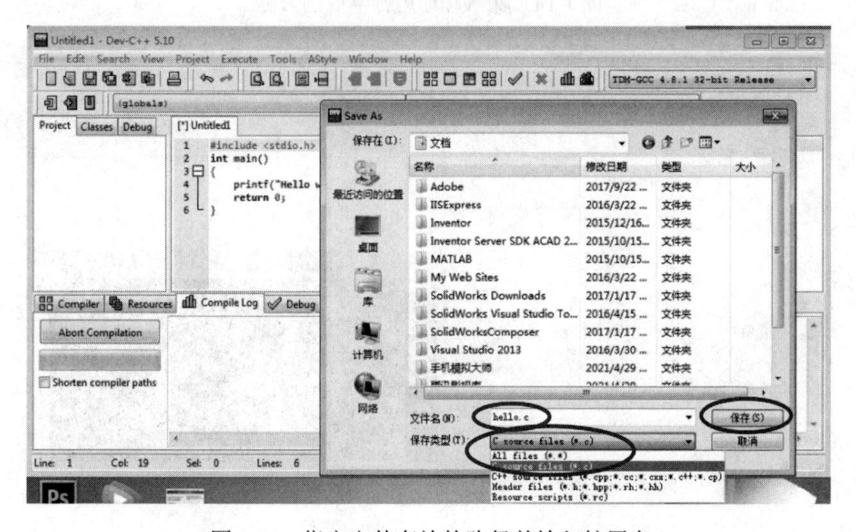

图 1.12　指定文件存放的路径并输入扩展名

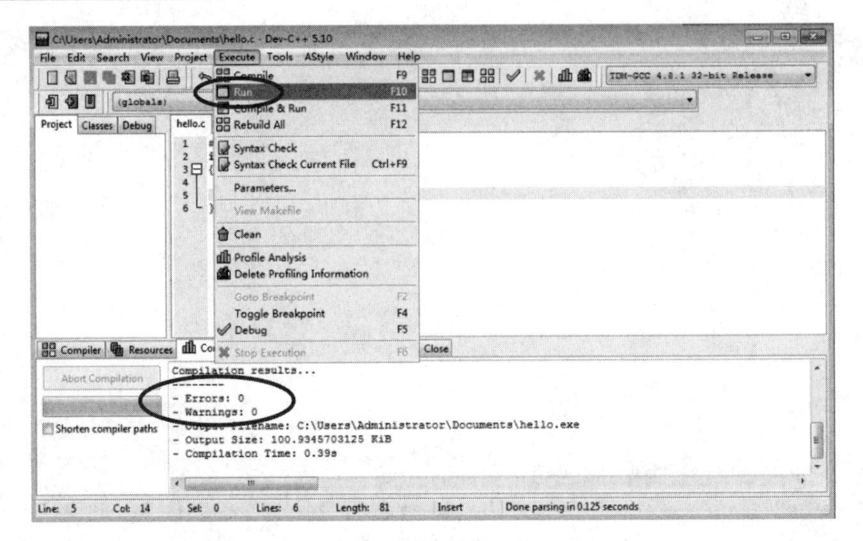

图 1.13　运行程序

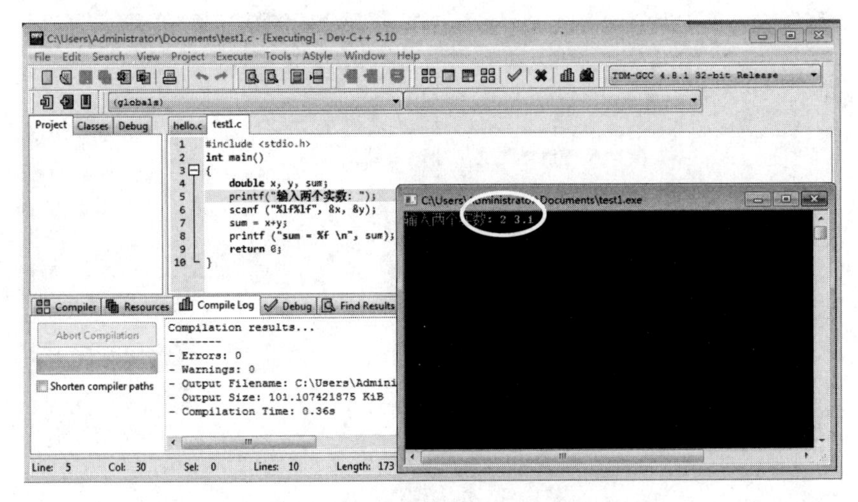

图 1.14　输入程序运行需要的数据

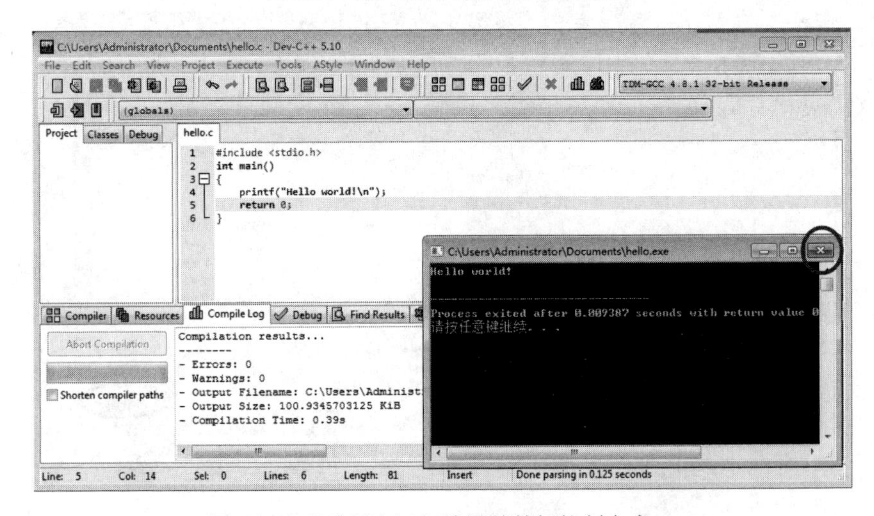

图 1.15　查看程序运行结果并关闭控制台窗口

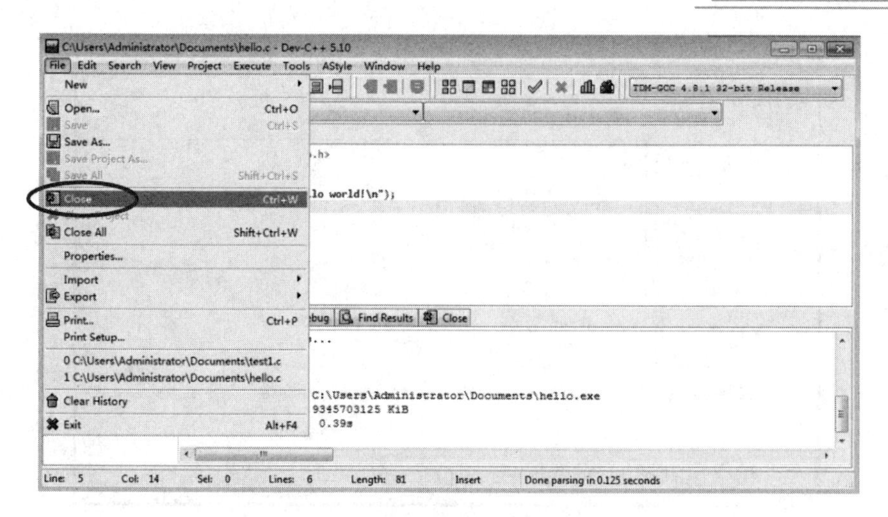

图 1.16　关闭工作空间

实例 3. 在 Visual C++ 6.0 环境下，采用 debug 调试工具调试、运行如下程序。通过该程序输入两个实数并进行求和，在屏幕上输出结果。

源程序：

```
#include <stdio.h>
int main()
{
    double x, y, sum;
    printf("输入两个实数: ");
    scanf ("%lf%lf", &x, &y);
    sum = x+y;
    printf ("sum = %f \n", sum);
    return 0;
}
```

1）分析

在程序开发中，可采用 debug 调试工具，单步执行代码，跟踪变量值的变化，帮助找到程序隐藏的 bug。常用的菜单选项及快捷键如下。

Go/F5：启动调试，从光标处运行程序，至断点处或程序结束。

Step Into/F11：单步执行，若遇函数调用，则进入其内部。

Step Over/F10：单步执行（跳过函数）。

Step Out/Shift+F11：跳出当前函数。

Run to Cursor/Ctrl+F10：运行程序至光标处。

Stop Debugging/Shift+F5：终止调试。

Insert/Remove Breakpoint/F9：在光标所在行设置或取消断点。

2）操作界面

操作步骤的界面如图 1.17～图 1.27 所示。

```
#include <stdio.h>
int main()
{
    double x, y, sum;
    printf("输入两个实数: ");
    scanf ("%lf%lf", &x, &y);
    sum = x+y;
    printf ("sum = %f \n", sum);
    return 0;
}
```

图 1.17　输入程序

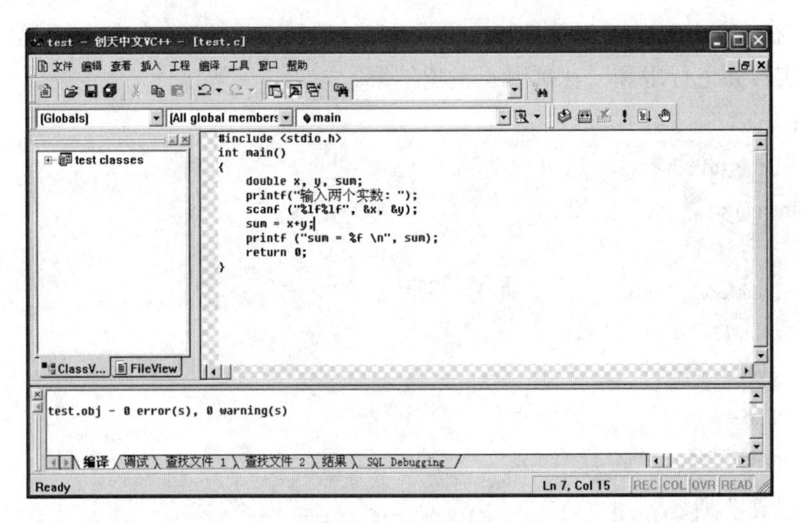

图 1.18　进行编译

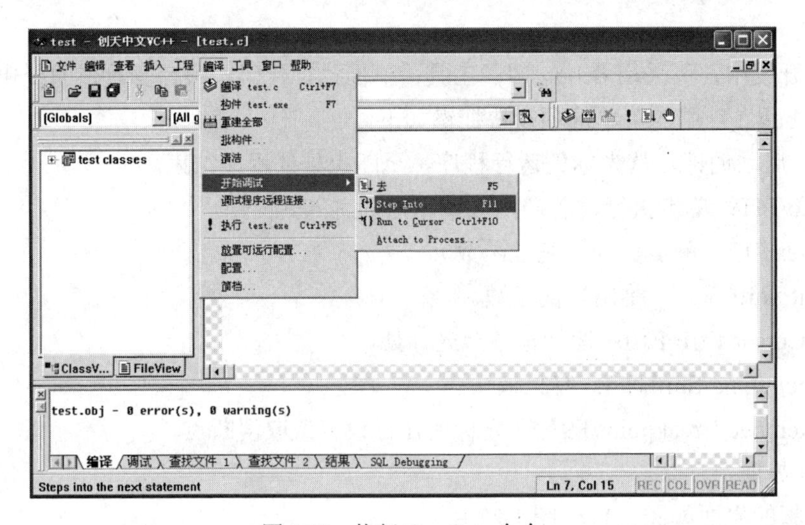

图 1.19　执行 Step Into 命令

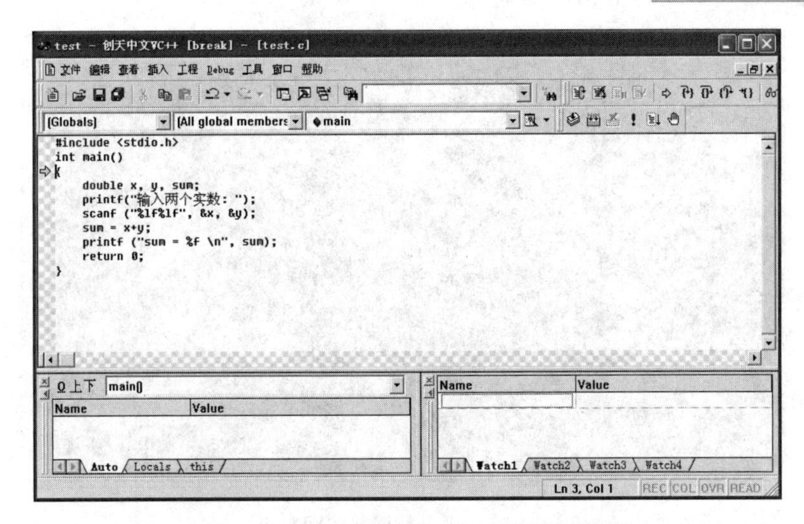

图 1.20　在右下角 Name 处添加跟踪变量

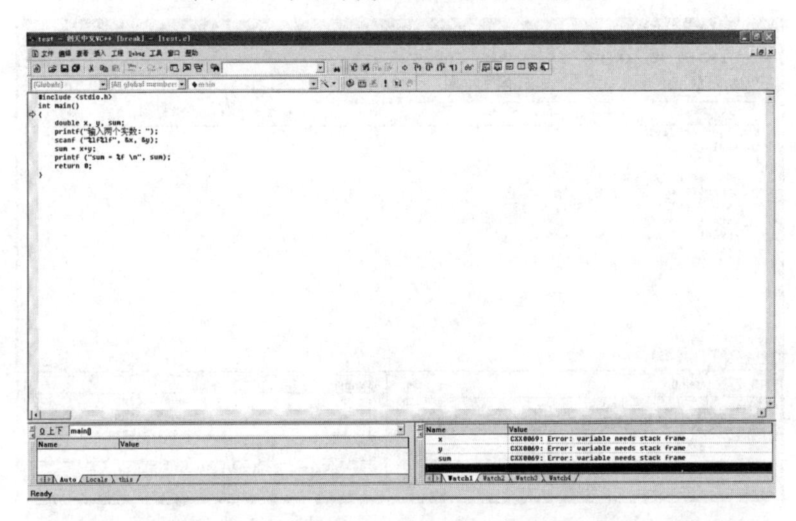

图 1.21　变量未赋值，显示 CXX0069: Error: variable needs stack frame

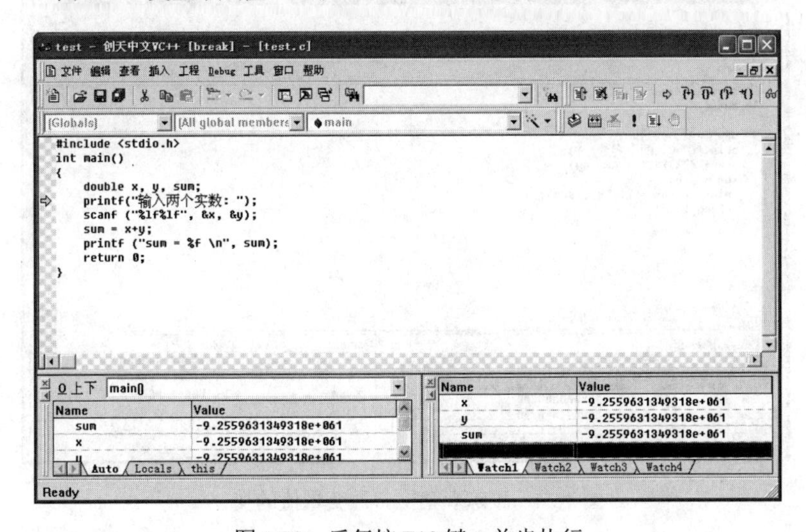

图 1.22　反复按 F10 键，单步执行

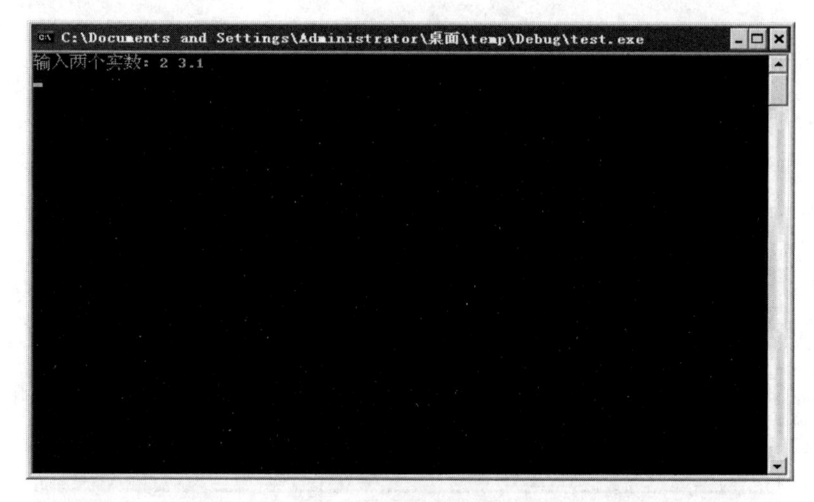

图 1.23　输入数据并按回车键

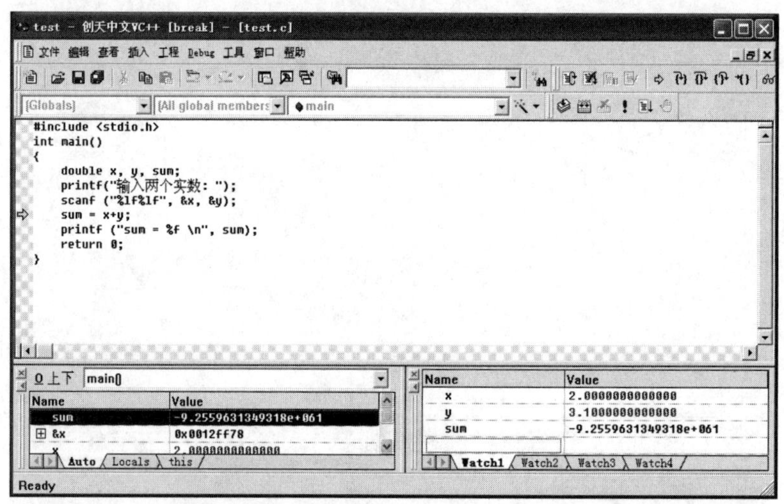

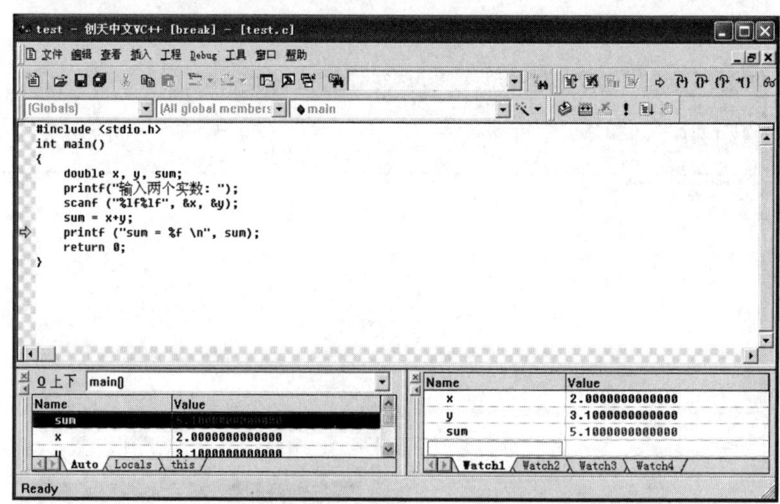

图 1.24　跟踪观察窗口内变量值的变化

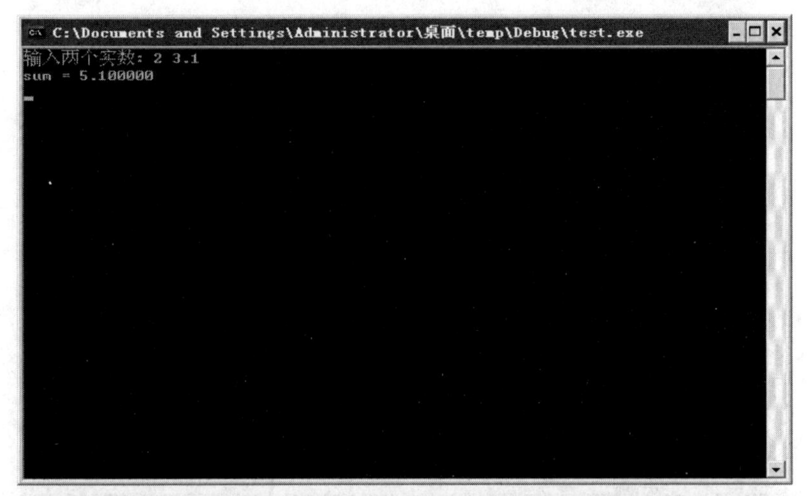

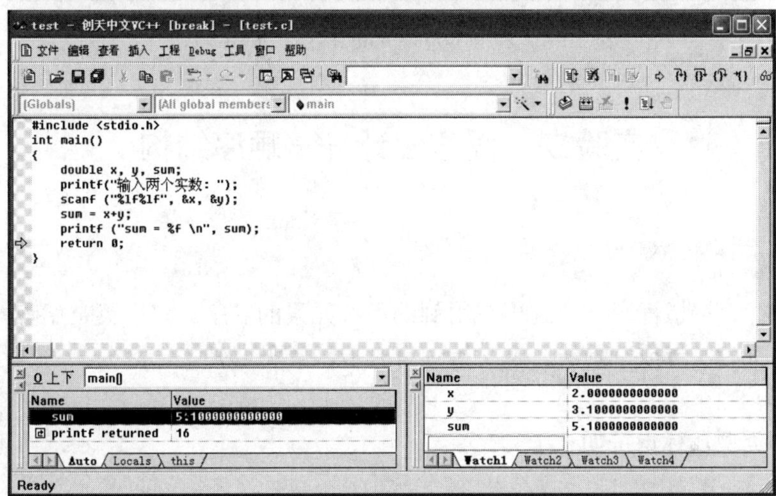

图 1.25　程序结果输出在控制台窗口

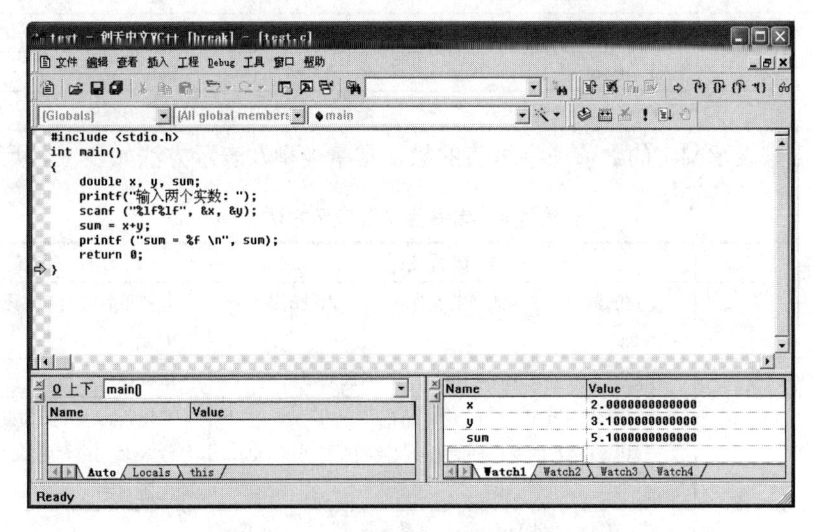

图 1.26　跟踪观察窗口内变量值的变化

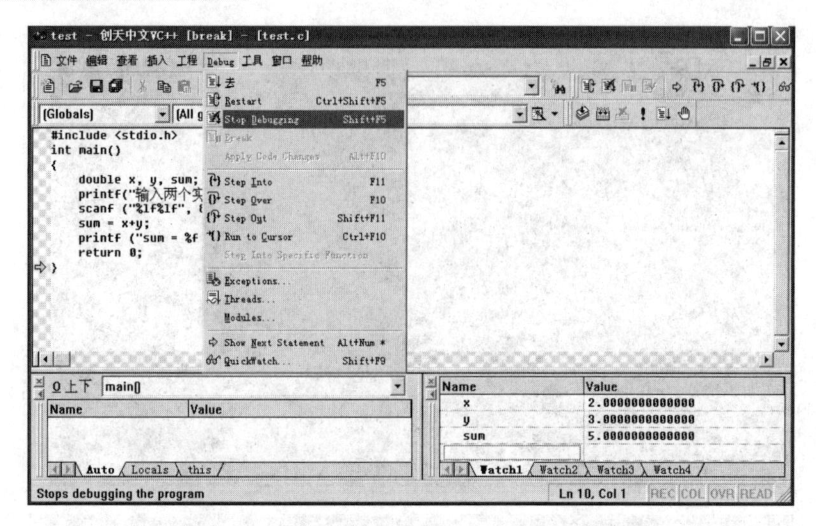

图 1.27 选择 Stop Debugging 命令终止调试

实验二 程序设计——顺序结构

一、知识点

C 语言的标识符指程序设计过程中用到的各种元素的名字。它由英文字母、数字和下画线组成，首字符为字母或下画线。定义标识符时应注意见名知义、区分大写和小写字母、禁用保留字。

基本数据类型及标识符如表 1.3 所示。

表 1.3 基本数据类型及标识符

基本数据类型	标 识 符	注 意 事 项
整型	unsigned short、int、long	可用 sizeof(int)计算所占字节数
实型	float、double	
字符型	char	以其 ASCII 码值存放在内存中

常量是用来表示固定的数值或字符值的量，常量类型及表示方法如表 1.4 所示。

表 1.4 常量类型及表示方法

常 量 类 型	表 示 方 法	注 意 事 项
整型常量	十进制数、八进制数（前缀为 0）、十六进制数（前缀为 0x）	长整型后缀为 L/l、无符号类型后缀为 U/u
实型常量（浮点数）	十进制小数形式（. ）、指数形式（E/e）	float 型后缀为 F/f
字符常量	加单引号，如'A' 一些特殊字符的表示可使用转义字符\，如\n、\ddd、\xhh、\'、\\	可以其 ASCII 码值参与运算；当进行输入/输出时，用%c 输出字符、%d 输出值
符号常量	定义格式为“#define 符号常量 常量”，如“#define PI 3.1415926”	代表常量的标识符

变量是程序执行过程中数值可以改变的量，使用前需定义类型、赋初值。定义格式：

```
类型标识符 变量名列表;
```

例如：

```
double    x, y =3.1;
```

输入/输出函数的相关头文件为#include <stdio.h>，定义格式：

```
printf(格式控制字符串,表达式列表);//输出函数
scanf(格式控制字符串,地址列表);//输入函数
```

注意输入/输出函数格式的相似和不同之处。对非字符型数据的输入，可用空格、Tab、回车键作为分隔符。对字符型数据的输入，无须分隔符。例如：

```
int x; double y; float z; long m; char c1;
scanf("x=%d, y=%d", &x, &y);   //输入 x=2，y=3
scanf("%d%lf%f%ld%c", &x, &y, &z, &m, &c1);   //常用输入格式说明符
printf("value: %d, %6.3f, %c, %d \n", x, y, c1, c1);   //注意附加格式说明符
c = getchar();   putchar(c);   //从键盘读入一个字符存入变量 c；输出字符变量 c
```

函数原型指如何使用该函数的说明，如 double sqrt(double x)。常用函数如表 1.5 所示。

表 1.5　常用函数

常用函数	相关头文件	库函数
数学函数	#include <math.h>	pow、sqrt、fabs、sin、cos、tan、exp、log、log10
字符函数	#include <ctype.h>	tolower、isalpha、isupper、isdigit、isalnum
其他常用函数	#include <stdlib.h>	exit(0); srand(5); y=rand();

表达式指由数据和运算符按 C 语言的语法规则连接起来的式子。注意 C 语言表达式与数学表达式的不同。表达式中常用运算符如表 1.6 所示。

表 1.6　常用运算符

运算符	符号	注意事项
算术运算符	+、-、*、/、%、++、--	当除法运算符左、右的运算数为整数时，结果也为整数；a^2 不同于 a*a；%只能应用于整型数据运算，只有整型变量才能使用++、--；了解 i++和++i 的区别；单目运算符有-（取负）、++、--
关系运算符	>、<、>=、<=、==、!=	==、!=的优先级低于其他 4 个关系运算符；==不同于=
逻辑运算符	!、&&、||	数学表达式，如 $0 \leqslant y \leqslant 10$，应写为 0<=y&&y<=10； &&、||组成的逻辑表达式，只对能确定整个表达式值的最少数目的子表达式进行计算
赋值运算符	=、+=、-=、*=、/=、%=	具有右结合性（自右至左）的运算符有赋值、条件、单目运算符
条件运算符	?:	三目运算符： max=(a>b)?a:b;等同于 if(a>b) max=a; else max=b;
逗号运算符	,	
括号运算符	()	

算术运算中的类型转换规则：char、short 自动转换为 int，float 自动转换为 double，占字节数少的运算数的类型向占字节数多的运算数类型转换。应用强制类型转换和整除的性质，可将实数保留指定位数的小数，不四舍五入。强制类型转换表示方式：

```
(类型标识符) 表达式
```

顺序结构指按语句的先后次序依次执行程序。

本节应注意的常用算法及应用：利用整除（/）和求余（%）运算符求整数的各位数的区别；十进制数与其他进制数之间的转换方法。

二、实例分析

实例1. 编写程序，在屏幕上输出“Hello world！”。

运行示例：

```
Hello world!
```

1）分析

缩写程序并保存在新建的源文件（如hello.c）中。可用printf()函数输出字符串。

2）源程序

```
#include <stdio.h>
int main()
{
    printf("Hello world!\n");
    return 0;
}
```

3）思考

“\n”的作用是什么？程序中如果删除“\n”，程序的输出会怎样？注意“\”和“/”的区别。

实例2. 编写程序，输入一个整数，在屏幕上输出其值。

运行示例，运行时输入“6↙”。

```
Input data：6↙
x = 6
```

1）分析

编程思路分析如表1.7所示。

表1.7　编程思路分析

处理的数据	整数
存储数据的变量及类型（含中间变量）	int x
输入格式符及变量	%d, x
输出格式符及变量	%d, x

2）源程序

```
#include <stdio.h>
int main()
{
    int x;
    printf("Input data：");
```

```
        scanf ("%d", &x);
        printf ("x = %d \n", x);
        return 0;
    }
```

3）思考

如果将 x 的值由键盘输入改为直接在程序中赋值，那么应该如何修改程序？

第 1 个 printf()函数的作用是什么？在程序中如果删除会怎样？注意，写程序要养成良好的习惯，给用户提供良好的输入界面。

实例 3. 编写程序，使用不同的分隔符输入两个整数，在屏幕上输出它们的值。

运行示例，运行时输入“2　3↙”。

```
Input data：a b
2   3↙
a=2, b=3
```

1）分析

输入多个数值型数据时，可采用空格、Tab 或回车键来分隔。输入字符时，无须添加分隔符。当格式控制字符串中出现非格式说明符时，必须原样输入并与之抵消。

2）源程序

```
#include <stdio.h>
int main()
{
    int a, b;
    printf("Input data：a b      \n");
    scanf("%d%d", &a, &b);
    printf("a=%d, b=%d \n", a, b);
    return 0;
}
```

3）思考

如果将上述程序第 6 行修改为 scanf("%d, %d", &a, &b);，运行程序时应如何输入？如果将上述程序第 6 行修改为 scanf("a=%d, b=%d", &a, &b);，运行程序时应如何输入？

实例 4. 编写程序，输入一个半径值，计算并输出圆的周长和面积（要求输出的数据阈宽 6，保留 2 位小数）。

运行示例，运行时输入“1.5 ↙”。

```
Input radius：1.5↙
circle = 9.42
area = 7.07
```

1）分析

编程思路分析如表 1.8 所示。

表 1.8　编程思路分析

处理的数据		圆的半径、周长和面积，实数
存储数据的变量及类型（含中间变量）		double r, k, s
输入		R
输出		k, s
关键算法/关注点		可定义符号常量 PI 代替 π 值 3.1415926
程序结构——顺序	步骤 1	输入 r
	步骤 2	k=2πr
	步骤 3	s=πrr
	步骤 4	输出 k, s

2）源程序

```
#include <stdio.h>
#define PI 3.1415926
int main( )
{
    double r, k, s;
    printf("Input radius：");
    scanf("%lf", &r);
    k = 2 * PI * r;
    s = PI * r * r;
    printf("circle = %6.2f\n", k);
    printf("area = %6.2f\n", s);
    return 0;
}
```

3）思考

如果删除符号常量，直接使用 π 值，那么如何修改程序？如果将 π 值修改为 3.14，那么在这两种方式下如何修改程序？比较两种方式的特点。

三、实验内容

（1）编写程序，在屏幕上输出：

```
        *
*   你好！  *
```

提示：仿照实例 1。换行可用“\n”，格式可用空格符调整，注意中文和英文输入方式的切换。根据注释填写下列程序。

```
#include <stdio.h>
int main()
{
    printf("____________________");      //输出第 1 行：        *
    printf("____________________");      //输出第 2 行：*   你好！  *
    return 0;
}
```

（2）编写程序，分别输入一个整数、一个字符和一个实数，在屏幕上输出它们的值。

提示：仿照实例 2，填写表 1.9，并编写程序。思考：如果先输入实数再输入字符，那么应如何修改程序？注意回车符的过滤问题。

表 1.9　编程思路分析

处理的数据	
存储数据的变量及类型（含中间变量）	
输入格式符及变量	
输出格式符及变量	

（3）编写程序，计算并输出圆柱体的体积（要求输出的数据阈宽 8，保留 3 位小数）。已知圆柱体的底面半径为 2，圆柱体的高从键盘输入，求圆柱体体积的公式为 $V=\pi r^2 h$。

提示：仿照实例 4，填写表 1.10，并编写程序。

表 1.10　编程思路分析

处理的数据		
存储数据的变量及类型（含中间变量）		
输入		
输出		
关键算法/关注点		
程序结构——顺序	步骤 1	
	步骤 2	
	步骤 3	

（4）编写程序，输入一个十进制整数，输出其对应的八进制整数、十六进制整数。

（5）编写程序，输入两个实数，计算并输出它们的和、差、积、商（输出的数据保留 2 位小数）。

（6）编写程序，输入一个小写字母，输出其对应的大写字母。

（7）编写程序，输入一个 3 位数，计算并输出该数每位数的立方和。

（8）编写程序，输入一个实数，计算并输出其平方根。

（9）编写程序，输入一个学生的语文、数学、英语、物理成绩，计算并输出该学生的总成绩和平均成绩。

实验三　程序设计——分支结构

一、知识点

使用分支结构，会先判断给定的条件，由判断结果决定执行程序的哪一路分支。if 语句的一般形式及流程图如表 1.11 所示。

表 1.11　if 语句的一般形式及流程图

分　支	一 般 形 式	流 程 图
if 语句的单分支形式	if (表达式) 语句;	表达式 假（0） 真（非0） 语句

if 语句的双分支形式	if (表达式)
	　语句 1;
	else
	　语句 2;
	注意复合语句需加{}
	空语句中;可占位
		表达式
		真（非0）
		假（0）
		语句1
		语句2

if 语句的 else−if 嵌套形式	if (表达式 1)
	　语句 1;
	else
	　if (表达式 2)
	　　语句 2;
	　else
	　　if (表达式 3)
	　　　语句 3;
	　　　……
	　　else
	　　　if (表达式 *n*−1)
	　　　　语句 *n*−1;
	　　　else　语句 *n*;　　/*用于处理前面各个 if 都不满足的默认情况或出错检查，若无“非上述情况”，则可省略*/
		表达式 1
		假
		真
		表达式 2
		假
		真
		表达式 3
		假
		真
		……
		假
		表达式 *n*−1
		假
		真
		语句1
		语句2
		语句3
		……
		语句*n*−1
		语句*n*

嵌套的 if 语句使程序的可读性较低，switch 多路分支语句可避免此问题。switch 语句的一般形式及流程图如表 1.12 所示。

表 1.12　switch 语句的一般形式及流程图

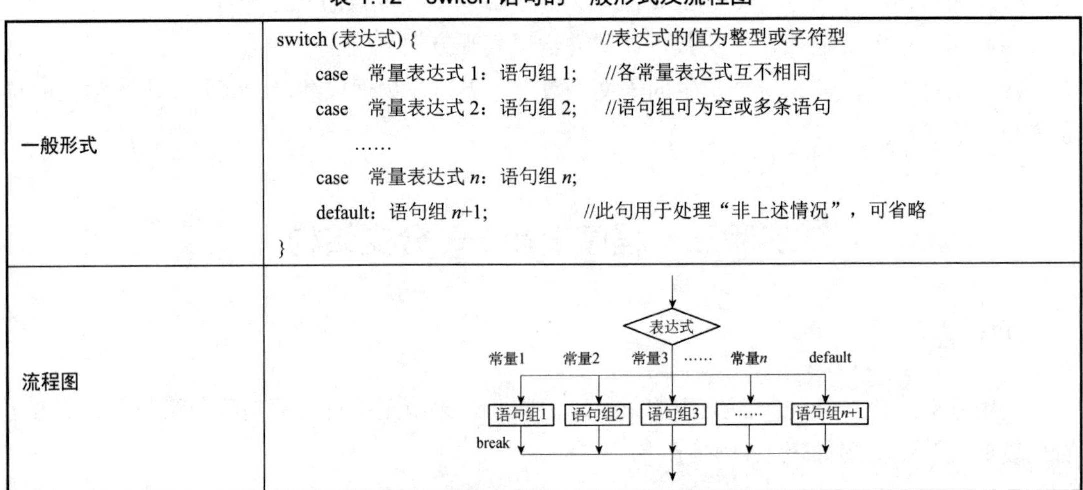

一般形式	switch (表达式) {　　　　//表达式的值为整型或字符型 　case　常量表达式 1：语句组 1;　　//各常量表达式互不相同 　case　常量表达式 2：语句组 2;　　//语句组可为空或多条语句 　　…… 　case　常量表达式 *n*：语句组 *n*; 　default：语句组 *n*+1;　　　　//此句用于处理“非上述情况”，可省略 }
流程图	表达式 常量1　常量2　常量3　……　常量*n*　default 语句组1　语句组2　语句组3　……　语句组*n*+1 break

（续表）

不含 break 语句的流程图	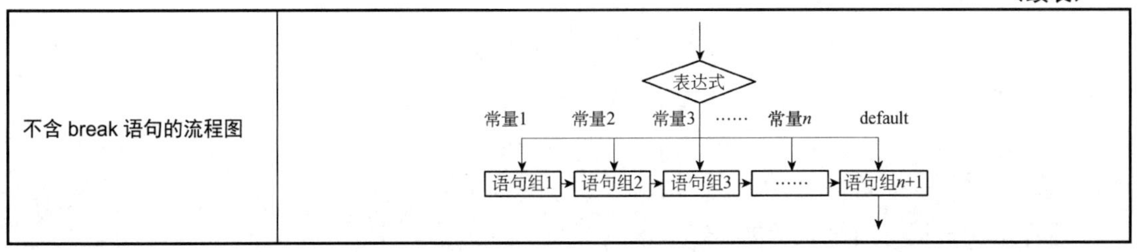

switch 语句先计算表达式的值，若其值与 case 后常量表达式 i 相等，则从其后的语句组 i 执行至 break 语句或 switch 处结束；若均不相等，则执行 default 后的语句组 n+1。

二、实例分析

实例 1. 编写程序，输入一个整数 x，输出其绝对值。

运行示例，运行时输入“−15↙”。

```
Enter an integer：  -15↙
15
```

1）分析

编程思路分析如表 1.13 所示。

表 1.13　编程思路分析

处理的数据		整数
存储数据的变量及类型（含中间变量）		int x
输入		x
输出		x
关键算法/关注点		可用单分支语句进行判断，若输入的数小于 0，则将其取负求得绝对值
程序结构——选择	判断条件	x<0
	分支 1	x=−x

2）源程序

```
#include <stdio.h>
int main()
{
    int x;
    printf("Enter an integer：  ");
    scanf("%d", &x);
    if(x<0)
        x=-x;
    printf("%d \n", x);
    return 0;
}
```

3）思考

程序中的单分支语句如何用条件表达式语句实现？

实例 2. 编写程序，输入实数 x，根据如下公式，计算并输出 y 值。

$$y=\begin{cases}\sqrt{x^2+1} & x>5\\ 3x-x^3+1 & -5\leqslant x\leqslant 5\\ \dfrac{x}{7}-\sin x & x<-5\end{cases}$$

运行示例，运行时输入“2↙”。

```
Enter a real number：2↙
y=-1
```

1）分析

编程思路分析如表 1.14 所示。

表 1.14　编程思路分析

处理的数据		实数 x, y
存储数据的变量及类型（含中间变量）		double x, y
输入		x
输出		y
关键算法/关注点		if–else 结构，C 语言表达式的写法
程序结构——选择	判断条件 1	x>5
	分支 1	sqrt(x*x+1)
	判断条件 2	−5<=x<=5
	分支 2	3*x−x*x*x+1
	判断条件 3	x<−5 或 else
	分支 3	x/7−sin(x)

2）源程序

```
#include <stdio.h>
#include <math.h>
int main()
{
    double x, y;
    scanf("%lf", &x);
    if (x>5)
        y =sqrt(x*x+1);
    else   if (x>=-5 && x<=5)
        y =3*x-x*x*x+1;
        else
            y =x/7-sin(x);
    printf("x=%f, y=%f\n", x, y);
    return 0;
}
```

3）思考

第 1 个 else 可否删除？为什么？如果用单分支语句，则如何编写此程序？

实例 3. 编写程序，输入 1～12 之间的数字月份，输出对应的季节。已知 3～5 月是 spring，6～8 月是 summer，9～11 月是 autumn，12～2 月是 winter。若输入错误数据，则提示“error！”。

运行示例，运行时输入“4↙”。

```
Enter a month：4↙
spring
```

1）分析

编程思路分析如表 1.15 所示。

表 1.15 编程思路分析

处理的数据		月份 m
存储数据的变量及类型（含中间变量）		int m
输入		m
输出		spring, summer, autumn, winter, error!
关键算法/关注点		用 switch 结构，根据 m 的值执行相应语句。当 case 后的语句组为空时，顺延至其后语句执行
程序结构——选择	常量表达式 1	3, 4, 5
	分支 1	输出 spring
	常量表达式 2	6, 7, 8
	分支 2	输出 summer
	常量表达式 3	9, 10, 11
	分支 3	输出 autumn
	常量表达式 4	12, 1, 2
	分支 4	输出 winter
	其他	default
	分支 5	输出 error!

2）源程序

```
#include <stdio.h>
int main()
{
    int  m;
    printf("Enter a month：");
    scanf("%d", &m);
    switch(m) {
        case  3：
        case  4：
        case  5：printf("spring\n");
                 break;
        case  6：
        case  7：
        case  8：printf("summer \n");
```

```
                break;
            case  9：
            case  10：
            case  11：printf("autumn \n");
                      break;
            case  12：
            case  1：
            case  2：printf("winter \n");
                    break;
           default：printf("error! \n");
        }
        return 0;
}
```

3）思考

如何用 if 语句编写此程序？

三、实验内容

（1）编写程序，输入一个整数 *x*，若该数为奇数，则输出其值。

运行示例，运行时输入“7↙”。

```
Enter an integer：7↙
Odd：7
```

提示：仿照实例 1，根据注释填写下列程序。

```
#include <stdio.h>
int main()
{
    int x;
    printf("Enter an integer：  ");
    scanf("%d", &x);
    printf(_____________________);          //输出提示
    __________________________              //判断该数为奇数
        printf("%d \n", x);
    return 0;
}
```

（2）编写程序，输入一个整数 *x*，判断其为正数、零，还是负数，输出结果。

运行示例，运行时输入“6↙”。

```
Enter an integer：6↙
6 是正数
```

提示：仿照实例 2，填写表 1.16，并编写程序。

表 1.16　编程思路分析

<table>
<tr><td colspan="2">处理的数据</td><td></td></tr>
<tr><td colspan="2">存储数据的变量及类型（含中间变量）</td><td></td></tr>
<tr><td colspan="2">输入</td><td></td></tr>
<tr><td colspan="2">输出</td><td></td></tr>
<tr><td colspan="2">关键算法/关注点</td><td></td></tr>
<tr><td rowspan="6">程序结构——选择</td><td>判断条件 1</td><td></td></tr>
<tr><td>分支 1</td><td></td></tr>
<tr><td>判断条件 2</td><td></td></tr>
<tr><td>分支 2</td><td></td></tr>
<tr><td>判断条件 3</td><td></td></tr>
<tr><td>分支 3</td><td></td></tr>
</table>

（3）编写程序，输入年、月，输出该月有多少天（要求使用 switch 语句）。

运行示例，运行时输入“2020, 2↙”。

```
Enter a month：2020,2↙
28
```

提示：仿照实例 3，填写表 1.17，并编写程序。注意非闰年的 2 月的天数是 28，闰年的 2 月的天数是 29，闰年是能够被 4 整除且不能被 100 整除，或能被 400 整除的年份。

表 1.17　编程思路分析

<table>
<tr><td colspan="3">处理的数据</td><td></td></tr>
<tr><td colspan="3">存储数据的变量及类型（含中间变量）</td><td></td></tr>
<tr><td colspan="3">输入</td><td></td></tr>
<tr><td colspan="3">输出</td><td></td></tr>
<tr><td colspan="3">关键算法/关注点</td><td></td></tr>
<tr><td rowspan="11">程序结构——选择</td><td colspan="2">常量表达式 1</td><td></td></tr>
<tr><td colspan="2">分支 1</td><td></td></tr>
<tr><td colspan="2">常量表达式 2</td><td></td></tr>
<tr><td colspan="2">分支 2</td><td></td></tr>
<tr><td colspan="2">常量表达式 3</td><td></td></tr>
<tr><td rowspan="4">分支 3</td><td>判断条件 1</td><td></td></tr>
<tr><td>分支 a</td><td></td></tr>
<tr><td>判断条件 2</td><td></td></tr>
<tr><td>分支 b</td><td></td></tr>
<tr><td colspan="2">其他</td><td></td></tr>
<tr><td colspan="2">分支 4</td><td></td></tr>
</table>

（4）编写程序，输入实数 x，根据如下公式，计算并输出 y 值。

$$y=\begin{cases}\sqrt{x}+\ln x & 1\leqslant x<2\\ x^2+\mathrm{e}^x & 2\leqslant x<3\\ \log_{10}x & 3\leqslant x<4\\ 1+x+x^2 & \text{其他}\end{cases}$$

运行示例，运行时输入“−1↙”。

```
Enter a real number：-1↙
y=1
```

（5）编写程序，输入实数 x 和 y，根据如下公式，计算并输出 t 值。

$$t=\begin{cases} x^2-y & x\geqslant 0, y\geqslant 0 \\ \dfrac{x}{2}+3y & x\geqslant 0, y<0 \\ x+\sqrt{y} & x<0, y\geqslant 0 \\ x^3-\sin y & x<0, y<0 \end{cases}$$

运行示例，运行时输入“2　3↙”。

```
Enter 2 real numbers：2  3↙
t=1
```

（6）编写程序，输入一个字母，若该字母为小写字母，则将其修改为大写字母，输出该字母及其 ASCII 值。

运行示例，运行时输入“a↙”。

```
Enter an letter：a↙
A, 65
```

（7）编写程序，输入一元二次方程 $ax^2+bx+c=0$ 的系数 a、b、c，求方程的根。

运行示例，运行时输入“2　3　1↙”。

```
Enter a, b, c：2  3  1↙
-0.5  -1
```

（8）编写程序，输入一个学生的数学成绩，转换成 Excellent、Good、Pass、Fail 后输出。已知成绩为 100～90 分是 Excellent，89～80 分是 Good，79～60 分是 Pass，59～0 分是 Fail。

（9）编写程序，输入一个日期，输出此日期是该年的第几天。

运行示例，运行时输入“2020　3　1↙”。

```
Enter year & month & day：2020  3  1↙
61
```

实验四　程序设计——循环结构

一、知识点

3 种循环的一般形式及流程图如表 1.18 所示。

表 1.18　3 种循环的一般形式及流程图

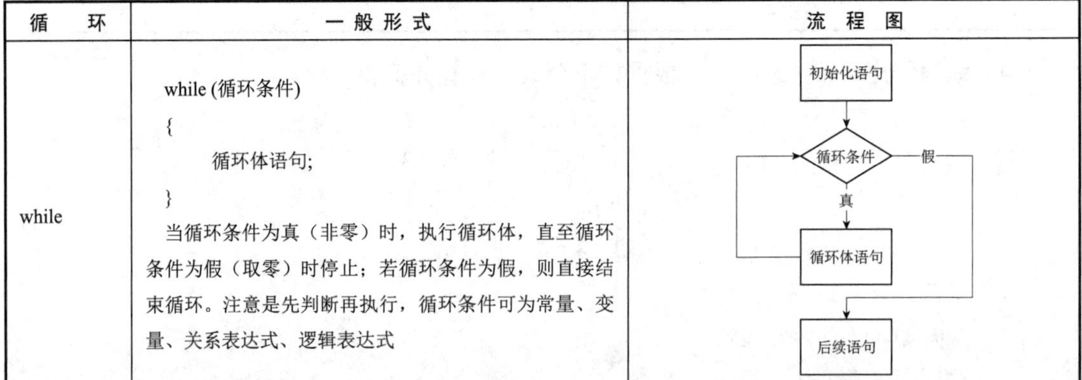

循　环	一 般 形 式	流 程 图

while	while (循环条件)
	{
	循环体语句;
	}
	当循环条件为真（非零）时，执行循环体，直至循环条件为假（取零）时停止；若循环条件为假，则直接结束循环。注意是先判断再执行，循环条件可为常量、变量、关系表达式、逻辑表达式
		初始化语句
		循环条件
		真
		假
		循环体语句
		后续语句

（续表）

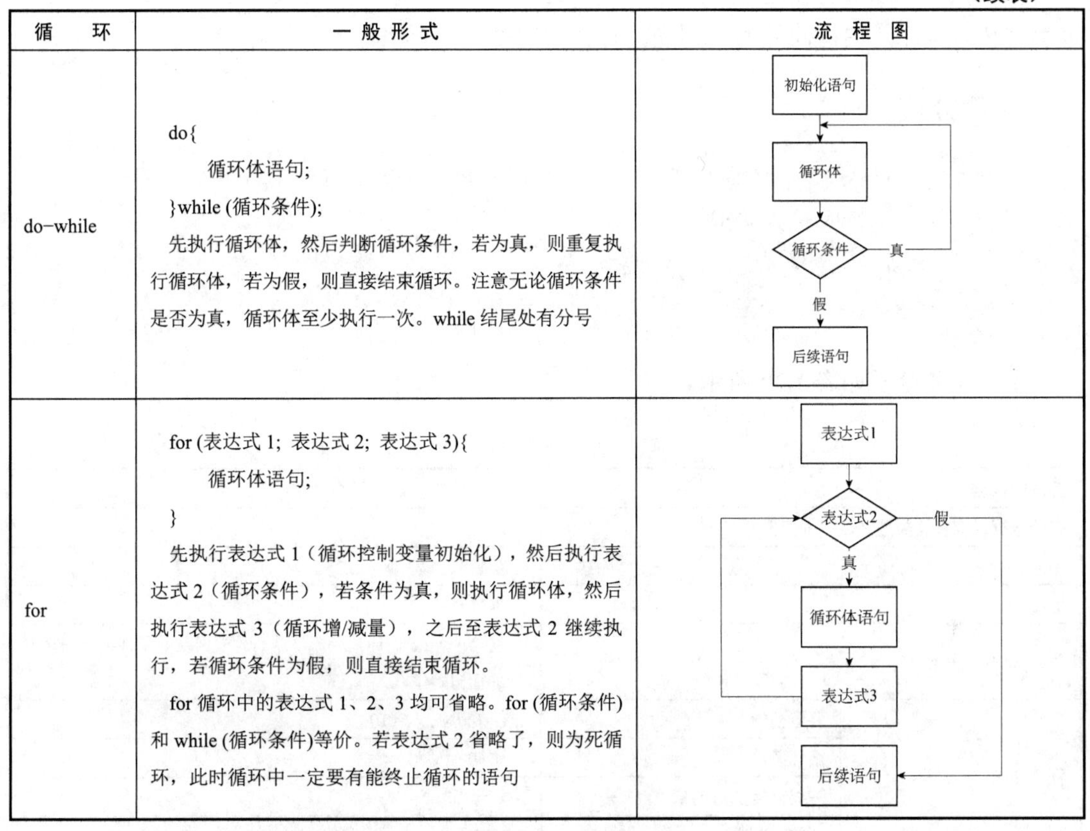

循　环	一般形式	流程图
do-while	do{ 　循环体语句; }while (循环条件); 先执行循环体，然后判断循环条件，若为真，则重复执行循环体，若为假，则直接结束循环。注意无论循环条件是否为真，循环体至少执行一次。while 结尾处有分号	初始化语句 → 循环体 → 循环条件（真 → 循环体；假 → 后续语句）

for	for (表达式 1; 表达式 2; 表达式 3){
	　循环体语句;
	}
	先执行表达式 1（循环控制变量初始化），然后执行表达式 2（循环条件），若条件为真，则执行循环体，然后执行表达式 3（循环增/减量），之后至表达式 2 继续执行，若循环条件为假，则直接结束循环。
	for 循环中的表达式 1、2、3 均可省略。for (循环条件)和 while (循环条件)等价。若表达式 2 省略了，则为死循环，此时循环中一定要有能终止循环的语句
		表达式1 → 表达式2（真 → 循环体语句 → 表达式3 → 表达式2；假 → 后续语句）

break 和 continue 语句的说明及流程图如表 1.19 所示。

表 1.19　break 和 continue 语句的说明及流程图

语句类型	break	continue
说明	用于 switch 中结束某分支；或用于循环中结束本层循环，此时常与 if 语句搭配使用。注意 break 语句结束的只是该层的循环，若有嵌套循环，则只能跳出一层循环	用于循环中提前结束该层的本次循环，即在该层循环体中 continue 之后的语句不再执行，重新回到该层的循环开始处继续执行下一次循环。它常与 if 语句搭配使用。注意 break 结束的是整层的循环，continue 结束的是该次循环
流程图（以 while 循环为例）	初始化语句 → 循环条件（假 → 后续语句；真 → 循环体语句1（关键词前）→ break?（Yes → 后续语句；No → 循环体语句2（关键词后）→ 循环条件））	初始化语句 → 循环条件（假 → 后续语句；真 → 循环体语句1（关键词前）→ continue?（Yes → 循环条件；No → 循环体语句2（关键词后）→ 循环条件））

循环嵌套可以混合使用3种基本的循环结构组合，注意每层的循环结构不要交叉。循环嵌套的执行顺序是由内向外的，即先执行完内层循环，再执行外层循环。

二、实例分析

实例1. 用while循环编写程序，输入一个正整数，计算并输出其位数。

运行示例，运行时输入“500↙”。

```
请输入数字：500↙
位数为3
```

1）分析

编程思路分析如表1.20所示。

表1.20 编程思路分析

处理的数据		正整数的位数，整数
存储数据的变量及类型（含中间变量）		int x, i
输入		正整数x
输出		位数i
关键算法/关注点		整除；while循环先判断后执行，根据判断条件需要先对变量进行初始化
程序结构——循环	变量初值	i = 0; i++; x /= 10
	循环条件	x > 0
	需要反复执行的操作	x /= 10
	计数/增减量	i++

2）源程序

```
#include <stdio.h>
int main()
{
    int x, i = 0;
    printf("请输入数字：");
    scanf("%d", &x);
    i++;
    x /= 10;
    while(x > 0)
    {
        i++;
        x /= 10;
    }
    printf("位数为%d\n", i);
    return 0;
}
```

3）思考

用do-while循环改写上述程序，程序是否能够简化？如果能，原因是什么？

如果输入 10 位数以上的正整数，那么输出是否正确？原因是什么？

实例 2. 用 while 循环编写程序，输入一个正整数 *x*（int 型，大于或等于 3），计算范围在[1, *x*]中的所有正整数的阶乘之和（double 型，以指数形式输出结果）。

运行示例，运行时输入“50↙”。

```
请输入正整数：50↙
1！ +2！ + … +50!= 3.103505e+064
```

1）分析

编程思路分析如表 1.21 所示。

表 1.21　编程思路分析

处理的数据		数字的阶乘、阶乘的和，实数
存储数据的变量及类型（含中间变量）		int x, i; double a, sum
输入		正整数 x
输出		阶乘之和 sum
关键算法/关注点		while 循环求阶乘、累加和
程序结构——循环	变量初值	i = 1; a = 1, sum = 0
	循环条件	i <= x
	需要反复执行的操作	a *= i ; sum += a
	计数/增减量	i++

2）源程序

```
#include <stdio.h>
int main()
{
    int x, i = 1;
    double a = 1, sum = 0;
    printf("请输入正整数:");
    scanf("%d", &x);
    while(i <= x)
    {
        a *= i;
        sum += a;
        i++;
    }
    printf("1! + 2!+ … + %d! = %e\n", x, sum);
    return 0;
}
```

3）思考

使用单层 for 循环对程序进行改写，实现相同的功能。如果用嵌套 for 循环，那么如何修改程序？

实例 3. 编写程序，输入一个正整数为平行四边形的底和高，得到相应的图形。

运行示例，运行时输入“5↙”。

```
请输入平行四边形的底和高：5↙
```

```
        *****
       *****
      *****
     *****
    *****
```

1）分析

编程思路分析如表 1.22 所示。

表 1.22　编程思路分析

处理的数据				*、空格
存储数据的变量及类型（含中间变量）				int i. j, k, x, y
输入				平行四边形的底 x
输出				平行四边形图案（*和空格）
关键算法/关注点				for 循环的运用，对图形不同部分的条件判断
程序结构——循环	变量初值			y =x; i = 0
	循环条件			i < x
	需要反复执行的操作			y– –
	嵌套循环	循环 1	变量初值	j = 0
			循环条件	j < y
			内部操作	printf(" ")
			计数	j++
		循环 2	变量初值	k = 0
			循环条件	k < x
			内部操作	printf("*")
			计数	k++
	计数/增减量			i++

2）源程序

```
#include <stdio.h>
int main()
{
    int i, j, k;
    int x, y;
    printf("输入平行四边形的底和高:");
    scanf("%d",&x);
    y = x;
    for(i = 0; i < x; i++)
    {
        y– –;
        for(j = 0; j < y; j++)
            printf(" ");
        for(k = 0; k < x; k++)
            printf("*");
        printf("\n");
```

```
    }
    return 0;
}
```

3）思考

想要得到上述程序执行后水平翻转的平行四边形，如何修改程序？

实例 4. 用 for 循环编写程序，输入整数 *a* 和 *b*，计算 *a* 和 *b* 之间（包括 *a* 和 *b*）的所有不能被 5 整除的整数的和（要求使用 continue）。

运行示例，运行时输入“10 5↙”。

```
请输入整数 a、b(空格输入,回车结束):
10 5↙
总和为 30
```

1）分析

编程思路分析如表 1.23 所示。

表 1.23 编程思路分析

<table>
<tr><td colspan="4">处理的数据</td><td>输入的整数、数的总和，整数</td></tr>
<tr><td colspan="4">存储数据的变量及类型（含中间变量）</td><td>int sum, a, b, t, i</td></tr>
<tr><td colspan="4">输入</td><td>整数 a、b</td></tr>
<tr><td colspan="4">输出</td><td>求得的整数的和 sum</td></tr>
<tr><td colspan="4">关键算法/关注点</td><td>continue 结束该层的本次循环</td></tr>
<tr><td rowspan="6">程序结构——循环</td><td colspan="3">变量初值</td><td>a < b; sum = 0; i = a</td></tr>
<tr><td colspan="3">循环条件</td><td>i <= b</td></tr>
<tr><td rowspan="3">需要反复执行的操作</td><td rowspan="2">程序结构——选择</td><td>条件</td><td>i % 5 = = 0</td></tr>
<tr><td>分支 1</td><td>continue</td></tr>
<tr><td colspan="2">程序结构——顺序</td><td>sum += i</td></tr>
<tr><td colspan="3">计数/增减量</td><td>i++</td></tr>
</table>

2）源程序

```
#include <stdio.h>
int main()
{
    int sum = 0, a, b, t, i;
    printf("请输入整数 a、b(空格分隔,回车结束输入)\n");
    scanf("%d%d", &a, &b);
    if(a >= b)
    {
        t = a;
        a = b;
        b = t;
    }
    for(i = a; i <= b; i++)
    {
        if(i % 5 = = 0)
            continue;
```

```
            sum += i;
        }
        printf("总和为%d\n", sum);
        return 0;
    }
```

3）思考

若将 continue 改为 break，则程序的功能修改为什么？

能否对程序中 for (表达式 1;表达式 2;表达式 3)语句进行如下修改，省略表达式 1 和表达式 3？若不能，则说明原因并提出修改方法。

```
    i = a;
    for(; i <=b; )
    {
        if(i % 5 = = 0)
            continue;
        sum += i;
        i++;
    }
```

实例 5. 输入正整数 x、y（$x<y$），输出[x, y]中的所有素数，要求每行输出 5 个，统计并输出素数的个数。

运行示例，运行时输入“10 50↙”。

```
请输入 2 个正整数(空格分隔,回车结束):
10 50↙
11      13      17      19      23
29      31      37      41      43
47
总共包含 11 个素数
```

1）分析

编程思路分析如表 1.24 所示。

表 1.24　编程思路分析

<table>
<tr><td colspan="4">处理的数据</td><td>输入的数字、素数个数，整数</td></tr>
<tr><td colspan="4">存储数据的变量及类型（含中间变量）</td><td>int a, b, num, i, j</td></tr>
<tr><td colspan="4">输入</td><td>正整数 a、b</td></tr>
<tr><td colspan="4">输出</td><td>素数 i、个数 num</td></tr>
<tr><td colspan="4">关键算法/关注点</td><td>for 循环判断和输出素数，break 语句</td></tr>
<tr><td rowspan="10">程序结构——循环</td><td colspan="3">变量初值</td><td>num = 0; i = (a >= 2 ? a:2)</td></tr>
<tr><td colspan="3">循环条件</td><td>i <= b</td></tr>
<tr><td rowspan="5">需要反复执行的操作
——嵌套循环</td><td colspan="2">变量初值</td><td>j =2</td></tr>
<tr><td colspan="2">循环条件</td><td>j <= i</td></tr>
<tr><td rowspan="2">需要反复执行的操作</td><td>判断条件</td><td>i % j = =0</td></tr>
<tr><td>分支 1</td><td>break;</td></tr>
<tr><td colspan="2">计数</td><td>j ++</td></tr>
<tr><td rowspan="2">需要反复执行的操作</td><td colspan="2">判断条件</td><td>prime = = 1</td></tr>
<tr><td colspan="2">分支 1</td><td>printf("%d\t", i); num++;等</td></tr>
<tr><td colspan="3">计数/增减量</td><td>i ++</td></tr>
</table>

2）源程序

```
#include <stdio.h>
int main()
{
    int a, b, i, j, num = 0;
    printf("请输入 2 个正整数(空格分隔,回车结束)\n");
    scanf("%d%d", &a, &b);
    for (i = (a >= 2 ? a:2); i <= b; i++)
    {
        for (j = 2; j < i; j++)
        {
          if(i % j = = 0)
              break;
        }
        if(j>=i)
        {
            printf("%d\t", i);
            num++;
            if (num % 5 = = 0)
                printf("\n");
        }
    }
    printf("\n 总共包含%d 个素数\n", num);
    return 0;
}
```

3）思考

根据数学知识，偶数（2 除外）均不是素数，且对于数 x，当除数为 $\sqrt{x}$ 时仍不能被整除，则 x 为素数，应如何改进程序？

三、实验内容

（1）编写程序，输入一个正整数，将每位上的数分解后输出。

运行示例，运行时输入“54321↙”。

```
请输入分解的数字：54321↙
5    4    3    2    1
```

提示：其中求正整数的位数可仿照实例 1，根据注释填写下列程序。

```
#include <stdio.h>
#include <math.h>
int main()
{
    int x, y, d;
    int i = 0;
    printf("请输入分解的正整数：");
```

```
        scanf("%d", &x);
        y = x;
        do
        {
            i++;
            x /= 10;
        }while(x > 0);
        i =__________________        //通过位数 i 得到新的除数 i，如 4 位数得到 i=1000
        while(i > 0)
        {
            d =______________        //得到当前第 1 位数字
            __________________       //输出当前第 1 位数字
            __________________       //除去当前的 1 位数字
            __________________       //除数 i 更新
        }
        printf("\n");
        return 0;
    }
```

（2）编写程序，输入正整数 n，求 $s_n = 1 - \frac{2!}{3} + \frac{3!}{5} - \cdots + (-1)^{n+1}\frac{n!}{2n-1}$，结果保留 3 位小数。

运行示例，运行时输入“5↙”。

```
请输入正整数：5↙
总和为 11.438
```

提示：仿照实例 2，填写表 1.25，并编写程序。

表 1.25　编程思路分析

<table>
<tr><td colspan="3">处理的数据</td><td></td></tr>
<tr><td colspan="3">存储数据的变量及类型（含中间变量）</td><td></td></tr>
<tr><td colspan="3">输入</td><td></td></tr>
<tr><td colspan="3">输出</td><td></td></tr>
<tr><td colspan="3">关键算法/关注点</td><td></td></tr>
<tr><td rowspan="9">程序结构——循环</td><td colspan="2">变量初值</td><td></td></tr>
<tr><td colspan="2">循环条件</td><td></td></tr>
<tr><td colspan="2">需要反复执行的操作 1</td><td></td></tr>
<tr><td rowspan="4">嵌套循环</td><td>变量初值</td><td></td></tr>
<tr><td>循环条件</td><td></td></tr>
<tr><td>操作</td><td></td></tr>
<tr><td>计数</td><td></td></tr>
<tr><td colspan="2">需要反复执行的操作 2</td><td></td></tr>
<tr><td colspan="2">计数/增减量</td><td></td></tr>
</table>

（3）编写程序，输入一个奇数作为菱形的行数和列数，得到相应的菱形。

运行示例，运行时输入“5↙”。

```
请输入菱形的行数和列数(必须是奇数)：5↙
  *
 ***
*****
 ***
  *
```

提示：仿照实例 2，填写表 1.26，并编写程序。

表 1.26 编程思路分析

<table>
<tr><td colspan="5">处理的数据</td><td></td></tr>
<tr><td colspan="5">存储数据的变量及类型（含中间变量）</td><td></td></tr>
<tr><td colspan="5">输入</td><td></td></tr>
<tr><td colspan="5">输出</td><td></td></tr>
<tr><td colspan="5">关键算法/关注点</td><td></td></tr>
<tr><td rowspan="11">程序结构——循环</td><td colspan="4">变量初值</td><td></td></tr>
<tr><td colspan="4">循环条件</td><td></td></tr>
<tr><td colspan="4">需要反复执行的操作</td><td></td></tr>
<tr><td rowspan="7">嵌套
循环</td><td colspan="3">变量初值</td><td></td></tr>
<tr><td colspan="3">循环条件</td><td></td></tr>
<tr><td rowspan="4">需要反复执
行的操作</td><td rowspan="2">分支 1</td><td>条件</td><td></td></tr>
<tr><td>操作</td><td></td></tr>
<tr><td rowspan="2">分支 2</td><td>条件</td><td></td></tr>
<tr><td>操作</td><td></td></tr>
<tr><td colspan="3">计数</td><td></td></tr>
<tr><td colspan="4">计数/增减量</td><td></td></tr>
</table>

（4）编写程序，分别使用 while、do while、for 语句计算，并输出如下算式前 20 项的和，结果保留 2 位小数。

$$1-\frac{1}{2}+\frac{1}{3}-\frac{1}{4}+\frac{1}{5}-\cdots$$

（5）编写程序，输入 n 和相应的 n 个数，统计输入的数中正数、零及负数的个数。

（6）编写程序，输入正整数 a，得到 a 以内的所有的完美数，并计算其个数。完美数指一个数恰好等于它的因子之和，如 6 的因子是 1、2、3，且 1+2+3=6，故 6 是完美数。1 不是完美数。

运行示例，运行时输入“1000↙”。

```
请输入正整数：
1000↙
完美数：
6      28      496
数量为3
```

（7）编写程序，输入一个 3 位正整数 x，输出范围在[100, x]的不能被 3 整除的非水仙花数，每行输出 10 个数字。水仙花数指每个位上的数字的 3 次幂之和等于它本身的 3 位数，

如 $153=1^3+5^3+10^3$（要求使用 continue）。

运行示例，运行时输入“156↙”。

```
请输入 3 位正整数 x：156↙
100    101    103    104    106    107    109    110    112    113
115    116    118    119    121    122    124    125    127    128
130    131    133    134    136    137    139    140    142    143
145    146    148    149    151    152    154    155
```

（8）编写程序，随机生成一个范围在[1, 100]的整数，设计一个猜数的游戏，满足以下规则：

① 生成随机数，并提示随机数已生成；

② 每次输入一个数字，若不正确，则提示太大（小）了；

③ 最多猜 10 次，若未猜出数字，则输出失败，并输出随机数；

④ 若猜中数字，则输出猜对了，并统计次数。

运行示例，运行时分别输入“50↙”“25↙”“37↙”。

```
随机数已生成
请输入数字：50↙
太大了
请输入数字：25↙
太小了
请输入数字：37↙
猜对了，你一共猜了 3 次
```

（9）编写程序，先输入一个需要组合的整数，再输入 3 个用来组合的整数，若可以组合（每个数字至少使用 1 次），则输出所有组合的可能；若不存在组合，则输出无组合。

运行示例，运行时分别输入“100↙”“10 15 25↙”。

```
请输入需要组合的整数：100↙
请输入用于组合的 3 个整数(从小到大,空格分开,回车结束)中：10 15 25↙
1*10+1*15+3*25 = 100
2*10+2*15+2*25 = 100
3*10+3*15+1*25 = 100
6*10+1*15+1*25 = 100
```

（10）修改第 9 题的程序，对于有组合的搭配，只输出第 1 个组合。

（11）编写程序，假设 30 个学生的成绩都是 50～100 分，成绩随机生成，要求每行输出 6 个学生的成绩，并最后统计输出最高分、最低分和平均分（保留 2 位小数）。

（12）编写万年历程序，输入年、月，输出该月的日历表。输入年，输出该年的日历表。已知 1900 年 1 月 1 日是星期一。

运行示例，运行时输入“2020　2↙”。

```
Enter year & month：2020  2↙

            February  2020
```

```
SUN   MON   TUE   WEN   THU   FRI   SAT
_______________________________________
                                    1
  2     3     4     5     6     7     8
  9    10    11    12    13    14    15
 16    17    18    19    20    21    22
 23    24    25    26    27    28    29
_______________________________________
```

思考：1900 年之前和之后的年历计算方法有什么区别？注意 1582 年。

实验五　函数的定义与调用

一、知识点

函数是具有独立功能的程序模块，是 C 语言的基本构件。函数有两类，一类是系统提供的标准库函数，如 printf()，可将相关头文件包含后直接调用；另一类是用户自定义的函数。函数定义的形式：

```
数据类型 函数名(类型 形参 1,类型 形参 2,……)
{
    函数体
}
```

函数相关注意事项如表 1.27 所示。

表 1.27　函数相关注意事项

函数返回值类型	函数返回值类型省略时，系统默认为 int。 若函数无返回值，则类型为 void
函数命名	函数名不可与其内的变量重名，不可与主调函数内的变量重名。 不同函数中的变量相互独立
函数形参	若函数首部的( )内为空，则为无参函数，否则为有参函数。通常将需要从函数外传入函数内的数据列为形参，形参的类型也由传入的数据类型决定。形参不可重复定义
函数返回	当函数体遇到 return 或最后一条语句执行结束后返回主调函数，并撤销在函数调用时为形参分配的存储空间。 当函数无返回值时，return 语句可省略
函数间参数传递	传数值（将实参值传递给形参）或传地址（形参是数组或指针变量等），可通过实参、形参、全局变量、return 传递
函数调用	形式为“函数名 (实参 1,实参 2,……);”，有如下作用： 作为表达式语句，通常用于调用一个不带返回值的函数，如 swap(); 作为函数表达式，用于调用带返回值的函数，其值参与表达式的运算，如 a=sum(b,c); 作为另一个函数的实参，如 m=sum(a,sum(b,c))
函数声明	形式为“数据类型 函数名(类型 形参 1,类型 形参 2,……);”或“数据类型 函数名(类型,类型,……);”，函数使用前需声明，若被调函数定义的位置在主调函数前，则声明可省略
嵌套调用	在一个函数体中，又调用另一个函数

（续表）

递归调用	递归调用指一个函数直接或者间接调用它本身。递归方法指将要解决的问题分解成比原问题规模更小的类似子问题，从而在解决此子问题时又可用原问题的解决方法，依此原则逐步递推转化，最终将原问题转化为较小且有已知解的子问题

变量根据作用域的不同，可分为局部变量和全局变量，如表 1.28 所示。

表 1.28　局部变量和全局变量

局部变量	在函数内定义的变量，只在本函数范围内有效
全局变量	在函数外定义的变量，它的有效范围为从定义变量的位置开始到源文件结束

变量的存储类型有 4 种，不同存储类型的变量的作用域和生存期不同，如表 1.29 所示。

表 1.29　变量的存储类型

auto（省略） 自动变量	存储在内存的堆栈区，用于在函数中说明局部变量
static 静态变量	存储在一般的内存区域中； 静态局部变量在函数内定义且只在该函数内使用，值具有可继承性； 静态全局变量只在定义该变量的源文件内有效
register 寄存器变量	存储在 CPU 的通用寄存器中，访问速度快； 通常把程序中使用频度高的变量定义为寄存器变量
extern 外部变量	可作用于整个源程序，如一个源程序由若干个源文件组成，在一个源文件中使用其他源文件中的外部变量前（该全局变量只需在一个文件中定义），需对该变量进行 extern 外部变量说明

C 语言中常用的库函数：格式输入函数 scanf()；格式输出函数 printf()；字符/字符串非格式化输入/输出函数 getchar()、gets()、putchar()、puts()；求字符串长度函数 strlen()，字符串复制函数 strcpy()，字符串比较函数 strcmp()，字符串连接函数 strcat()；求绝对值数学函数 fabs()，求开平方根数学函数 sqrt()；文件格式读取函数 fscanf()，文件格式写入函数 fprintf()；文件写入字符串函数 fputs()，文件读取字符串函数 fgets()；打开文件函数 fopen()，关闭文件函数 fclose()；动态申请内存函数 malloc()，释放内存函数 free()等。

二、实例分析

实例 1. 编写程序，输入一个整数，如果该整数大于或等于 0，那么输出其平方根；如果该整数小于 0，那么提示不是正数。

运行示例，运行时输入“6↙”。

```
输入一个整数：6↙
6 的平方根为 2.449490
```

1）分析

编程思路分析如表 1.30 所示。

表 1.30　编程思路分析

处理的数据		一个正整数
存储数据的变量及类型（含中间变量）		int a
输入		正整数 a
输出		a 的平方根
关键算法/关注点		标准库函数的调用
主调函数	函数名	main()函数
被调函数	功能	求平方根
	函数名	sqrt()
	形参及类型	int a

2）源程序

```
#include <stdio.h>
#include <math.h>
int main()
{
    int a;
    printf("输入一个整数：");
    scanf("%d", &a);
    if(a >= 0)
        printf("\n%d 的平方根为%lf\n", a, sqrt(a));
    else
        printf("您输入的不是正数\n");
    return 0;
}
```

3）思考

① 为什么输出平方根和绝对值时要用“%lf”格式？

② 删除程序开始的两条#include 命令，程序能正常运行吗？为什么？

实例 2. 编写一个函数，返回一个整数的绝对值。

运行示例，运行时输入“-8↙”。

```
Input data：-8↙
-8 的绝对值是：8
```

1）分析

编程思路分析如表 1.31 所示。

表 1.31　编程思路分析

处理的数据	一个整数
存储数据的变量及类型（含中间变量）	int a
输入	整数 a
输出	整数 a 的绝对值
关键算法/关注点	函数的定义和调用

（续表）

主调函数	函数名	main()函数
被调函数	功能	求一个整数的绝对值
	函数名	absolute_value()
	形参及类型	int a
	返回值	a 的绝对值

2）源程序

```
#include <stdio.h>
int absolute_value(int a)
{
    if(a>=0)
        return (a);
    else
        return (-a);
}
int main()
{
    int x,y;
    printf("Input data: ");
    scanf("%d",&x);
    y = absolute_value(x);
    printf("%d 的绝对值是：%d\n",x,y);
    return 0;
}
```

3）思考

分析实例 1 和实例 2，思考求绝对值时直接调用库函数和使用用户自定义的函数有什么区别？

实例 3. 编写函数，求两个整数中的较小值与较大值。

运行示例，运行时输入“5　6↙”。

```
Input data：x y
5  6↙
较小值是 5，较大值是 6
```

1）分析

编程思路分析如表 1.32 所示。

表 1.32　编程思路分析

处理的数据	输入两个整数
存储数据的变量及类型（含中间变量）	int x,y
输入	两个整数 x 和 y
输出	较小的整数，较大的整数
关键算法/关注点	编写函数，求较小值与较大值

（续表）

主调函数	函数名	主函数
	输入	x,y
	输出	z
	需要传递给被调函数的实参	x,y
被调函数	功能	求两个数中的较小值，求两个数中的较大值
	函数名	min();max()
	形参及类型	int a,int b
	返回值	返回两个数中的较小值与较大值

2）源程序

```
#include <stdio.h>
int min(int a,int b)
{
    if(a<b)
        return (a);
    else
        return (b);
}
int max(int a,int b)
{
    if(a>b)
        return (a);
    else
        return (b);
}

int main()
{
    int x,y,z,m;
    printf("Input data：x y \n");
    scanf("%d %d",&x,&y);
    z = min(x,y);
    m=max(x,y);
    printf("较小值是%d, 较大值是%d ", z, m);
    return 0;
}
```

3）思考

① 如何修改函数，求 3 个数的最大值和最小值？

② 如果将自定义的函数放在 main()函数之后，应该怎么修改程序，才能使程序正确运行？提示：函数声明。

实例 4. 编写一个函数，输出有 *n* 行的菱形图案（*n* 为奇数）。

运行示例，运行时输入“9↙”。

```
请输入行数：9↙
    *
   ***
  *****
 *******
*********
 *******
  *****
   ***
    *
```

1）分析

编写一个 print_graphic()函数，该函数完成如下功能：输入一个数 *n*，表示要输出的菱形图案的行数。若 *n* 小于 3，则提示“至少 3 行才能体现出图案！”；若 *n* 不是奇数，则提示“菱形图案必须为奇数行！”。把要输出的图形分为上、下两部分，计算出每行要打印的图形的规律，编写相应程序。

2）源程序

```
#include <stdio.h>
void print_graphic(int n) {
    int i, j;
    if (n<3) {
        printf ("至少 3 行才能体现出图案！ \n");
        return;
    }
    if (n%2= =0) {
        printf ("菱形图案必须为奇数行！ \n");
        return;
    }
    for (i=0; i<n/2+1; i++) {
        for (j=0; j<n/2-i; j++)
            printf (" ");
        for (j=0; j<2*i+1;j++)
            printf ("*");
        printf ("\n");
    }
    for (i=n/2; i>0; i- -) {
        for (j=0; j<n/2-i+1; j++)
            printf (" ");
        for(j=0; j<2*i-1; j++)
            printf ("*");
        printf ("\n");
    }
}
int main ()
```

```
{   int i,j,n;
    printf("请输入行数：");
    scanf("%d",&n);
    print_graphic(n);
    return 0;
}
```

3）思考

如何修改程序，避免多重循环？

实例 5. 编写函数，判断一个数是否为水仙花数，水仙花数是指一个 3 位数，它的每位上的数字的 3 次幂之和等于它本身（如 $1^3+5^3+3^3=153$）。

运行示例，运行时输入“153↙”。

```
Input data：153↙
153 是一个水仙花数
```

1）分析

编程思路分析如表 1.33 所示。

表 1.33　编程思路分析

处理的数据		一个整数 n
存储数据的变量及类型（含中间变量）		int n
关键算法/关注点		分别拆分，给出 3 位数的个位、十位、百位，并求其立方和
主调函数	功能	main()函数
	输入	一个整数 n
	需要传递给被调函数的实参	n
被调函数	功能	判断一个数是不是水仙花数
	函数名	is_daffodil()
	形参及类型	int n
	返回值	若是水仙花数，则返回 1；若不是水仙花数，则返回 0

2）源程序

```
#include <stdio.h>
int is_daffodil(int n)
{
    int a,b,c;
    if(100<=n && n<=999)
    {
        a=n%10;
        b=(n/10)%10;
        c=n/100;
        if(a*a*a+b*b*b+c*c*c= =n)
            return 1;
        else
            return 0;
```

```
        }
        else return 0;
    }
    int main()
    {
        int n;
        printf("Input data：");
        scanf("%d", &n);
        if(is_daffodil(n))
            printf("%d 是一个水仙花数\n",n);
        else
            printf("%d 不是一个水仙花数",n);
        return 0;
    }
```

3）思考

① 试求出所有满足条件的水仙花数。

② 将每个位置上的数拆分，方法有哪些？

三、实验内容

（1）编写程序，调用标准库函数，从键盘输入一个正数 x，输出（均保留 3 位小数）：正切值 tan$x$、立方值 x^3、以 e 为底的指数值 e^x、以 e 为底的对数值 ln(x)、以 10 为底的对数值 lg(x)。

提示：仿照实例 1，根据注释填写下列程序。

```
    #include <stdio.h>
    ______________________          //调用数学函数库
    int main()
    {
        double x;
        printf("输入一个正数 x：");
        scanf("%lf", &x);
        if (x <= 0)
            printf("格式错误,重新输入\n");
        else
        {
            printf(____________________);       //输出 tan(x)
            printf(____________________);       //输出 x³
            printf(____________________);       //输出 e^x
            printf(____________________);       //输出 ln(x)
            printf(____________________);       //输出 lg(x)
        }
```

```
        return 0;
    }
```

（2）编写并调用一个函数，函数功能：输入 3 个实数，若能构成三角形，则输出三角形的面积，若不能构成三角形，则输出无法构成。

提示：仿照实例 2，填写表 1.34，并完成程序。

表 1.34 编程思路分析

处理的数据		
存储数据的变量及类型（含中间变量）		
输入		
输出		
关键算法/关注点		
主调函数	函数名	
	需要传递给被调函数的实参	
被调函数	功能	
	函数名	
	形参及类型	
	返回值	

（3）编写函数，求两个数的和与差。

提示：仿照实例 3，填写表 1.35，并完成程序。

表 1.35 编程思路分析

处理的数据		
存储数据的变量及类型（含中间变量）		
输入		
输出		
关键算法/关注点		
主调函数	函数名	
	需要传递给被调函数的实参	
被调函数	功能	
	函数名	
	形参及类型	
	返回值	
被调函数	功能	
	函数名	
	形参及类型	
	返回值	

（4）编写函数，计算组合数 $c(n,k)=n!/(k!(n-k)!)$。

（5）编写函数，求满足以下条件的最大的 n 值。

$$2^1+2^2+2^3+\cdots+2^n<1000$$

（6）编写两个函数，用递归法求最大公约数，由最大公约数求得最小公倍数，并在主函数中调用这两个函数。

（7）编写函数，输出 n（n 为 10 以内的正整数）的数字金字塔（如第 1 行 1 个 1，第 2 行 2 个 2，以此类推，呈金字塔形状），并在主函数中调用该函数。

（8）编写函数，用递归法求 fibonacci 数列。fibonacci 数列有如下特点：第 1 个、第 2 个数分别为 1、1，从第 3 个数开始，该数是前两个数之和，即该数列为 1、1、2、3、5、8、13、…用数学方法表示为 $F_1=1(n=1)$，$F_2=1(n=2)$，$F_n=F_{n-1}+F_{n-2}(n\geqslant 3)$。

思考：如何用非递归法实现求 fibonacci 数列的前 n 项？

（9）编写函数 sequence(a, b, c)，实现将 3 个学生的成绩按降序输出，其中 3 个学生的成绩在主函数中输入。

（10）按下面要求编写程序。

① 定义函数 $s(n)$，计算 $n+(n+1)+\cdots+(2n-1)$，函数的返回值类型是 double。

② 定义函数 main()，输入正整数 n，计算并输出下列算式的值。要求调用函数 $s(n)$计算 $n+(n+1)+\cdots+(2n-1)$。

$$y=1-\frac{2^2}{2+3}+\frac{3^2}{3+4+5}-\frac{4^2}{4+5+6+7}+\cdots+(-1)^{n-1}\frac{n^2}{n+(n+1)+\cdots+(2n-1)}$$

（11）编写函数，实现一个多功能计算器（功能自定义）。

实验六　数组的使用

一、知识点

数组是一批同类型相关数据的有序集合。数组的定义和示例如表 1.36 所示。

表 1.36　数组的定义和示例

描　述	数组类型	
	一维数组	二维数组
概念	由一个下标确定元素的数组	由两个下标确定元素的数组

定义形式	数据类型 数组名[常量表达式];
	例如:
	int t[10]; //正确的
	int n=10,a[n]; //错误的
		数据类型 数组名[常量表达式 1] [常量表达式 2];
		其中，常量表达式 1 为行数，常量表达式 2 为每行元素个数。
		例如:
		double b[5][10]; //正确的
		double b[5, 10]; //错误的
		int a[][]={1,2}; //错误的

数组元素的引用形式	数组名[下标]	数组名[下标 1] [下标 2]

用循环语句对数组所有元素赋值	int j, t[10];
	for(j=0;j<10;j++)
	　　scanf("%d", &t[j]);
	　　//或 t[j] = j;
		int i, j, b[3][4];
		for (i=0; i<3; i++)
		　　for (j=0; j<4; j++)
		　　　　scanf("%d", &b[i][j]);
		　　　　//或 b[i][j]=0;

字符数组的相关示例如表 1.37 所示。

表 1.37　字符数组的相关示例

一维字符数组的定义、初始化、赋值	正确的写法如下： char c[5]={'L', 'i', 'k', 'e', '\0'}; char c[5]={"Like"}; char c[5]="Like"; char a[3]; a[0]= 'N'; 错误的写法如下： char c[5]; c="Like";
字符串的输入/输出	char c[20]; scanf("%s", c);　printf("String is %s", c); 输入时以回车、Tab 或空格符结束输入
字符串的输入/输出函数	gets(str);（以回车结束输入） puts(str);

逐个字符的输入/输出	可使用 getchar、putchar 或 scanf、printf（格式符%c）
	char c[81]; int i;
	for(i=0; (c[i]=getchar()) != '\n'; i++) ; // 输入字符串
	c[i]= '\0';
	for (i=0; c[i]!= '\0'; i++) …//访问字符串中所有字符

常用字符串函数	需包含头文件 string.h strcat(c1,c2);将 c2 连接在 c1 后 trcpy(c1,c2);将字符串 c2 赋给 c1 strcmp(c1,c2);比较 c1 和 c2 的大小，若相等，则返回 0；若 c1<c2，则返回-1；若 c1>c2，则返回 1 strlen(c1);返回字符串长度，注意\110 长度为 1

二维字符数组的定义、赋值及输入/输出	char str[3][9]={"Hzhou", "Shai", "Bjing"};
	strcpy(str[0], "Abc");
	gets(str[1]);
	puts(str[2]);

注意数值型数组、字符数组处理的区别。当遍历数组时，数值型数组以数组长度为结束标志，字符数组以'\0'为结束标志。

二、实例分析

实例 1. 编写程序，输入 10 个整数，将它们存入数组 *a*，查找并输出数组 *a* 中的最大值及其下标。

运行示例，运行时输入"5 7 1 3 8 2 0 −1 −3 6↙"。

```
Enter 10 integers：5 7 1 3 8 2 0 −1 −3 6↙
Max：a[4]=8
```

1）分析

编程思路分析如表 1.38 所示。

表 1.38　编程思路分析

<table>
<tr><td colspan="3">处理的数据</td><td>10 个整数</td></tr>
<tr><td colspan="3">存储数据的变量及类型（含中间变量）</td><td>int a[10], max, maxk, k</td></tr>
<tr><td colspan="3">输入</td><td>10 个整数</td></tr>
<tr><td colspan="3">输出</td><td>最大值 max 及其下标 maxk</td></tr>
<tr><td colspan="3">关键算法/关注点</td><td>一维数组，求最大值算法</td></tr>
<tr><td rowspan="5">程序结构——循环</td><td colspan="2">变量初值</td><td>max = a[0]; maxk = 0; k=1</td></tr>
<tr><td colspan="2">循环条件</td><td>k<10</td></tr>
<tr><td rowspan="2">需要反复执行的操作</td><td>判断条件</td><td>a[k]>max</td></tr>
<tr><td>分支 1</td><td>max=a[k]; maxk=k</td></tr>
<tr><td colspan="2">计数/增减量</td><td>k++</td></tr>
</table>

2）源程序

```
#include <stdio.h>
int main( )
{
    int max, maxk, k, a[10];
    printf("Enter 10 integers：");
    for (k = 0; k < 10; k++)
            scanf ("%d", &a[k]);
    max = a[0];
    maxk = 0;
    for (k = 1; k < 10; k++)
            if(a[k]>max)    {
                max=a[k];
                maxk=k;
            }
    printf("Max：a[%d] = %d \n", maxk, max);
}
```

3）思考

如果数组的大小用宏定义，那么怎样修改程序？和原来的程序相比有什么优点？

如果删除 max 这个变量，那么如何修改程序？

实例 2. 编写程序，输入一个 5 行 5 列的矩阵并存放在二维数组中，将矩阵的上三角元素均置 0（不包含对角线），输出该矩阵。

运行示例，运行时输入“1 3 4 2 6↙2 3 2 4 6↙5 7 4 2 3↙1 9 4 5 6↙8 3 7 2 1↙”。

```
Enter a 5*5 matrix：
1 3 4 2 6↙
2 3 2 4 6↙
5 7 4 2 3↙
1 9 4 5 6↙
8 3 7 2 1↙
Result:
```

```
1 0 0 0 0↙
2 3 0 0 0↙
5 7 4 0 0↙
1 9 4 5 0↙
8 3 7 2 1↙
```

1）分析

编程思路分析如表 1.39 所示。

表 1.39　编程思路分析

<table>
<tr><td colspan="4">处理的数据</td><td>5 行 5 列的矩阵</td></tr>
<tr><td colspan="4">存储数据的变量及类型（含中间变量）</td><td>double a[5][5], i, j</td></tr>
<tr><td colspan="4">输入</td><td>5 行 5 列的矩阵</td></tr>
<tr><td colspan="4">输出</td><td>上三角元素均置 0 后的矩阵</td></tr>
<tr><td colspan="4">关键算法/关注点</td><td>二维数组、矩阵上三角元素的判断</td></tr>
<tr><td rowspan="8">程序结构——循环</td><td colspan="3">变量初值</td><td>i = 0</td></tr>
<tr><td colspan="3">循环条件</td><td>i<N</td></tr>
<tr><td rowspan="5">需要反复执行的操作</td><td colspan="2">变量初值</td><td>j = 0</td></tr>
<tr><td colspan="2">循环条件</td><td>j<N</td></tr>
<tr><td rowspan="2">需要反复执行的操作</td><td>判断条件</td><td>i<j</td></tr>
<tr><td>分支 1</td><td>a[i][j]=0</td></tr>
<tr><td colspan="2">计数/增减量</td><td>j++</td></tr>
<tr><td colspan="3">计数/增减量</td><td>i++</td></tr>
</table>

2）源程序

```
#include <stdio.h>
#define N 5
int main()
{   double   a[N][N], temp;
    int   i, j;
    printf("Enter a %d*%d matrix:\n", N, N);
    for (i=0; i<N; i++)
        for (j=0; j<N; j++)
            scanf("%lf", &a[i][j]);
    for (i=0; i<N; i++)                //将矩阵上三角元素置 0
        for (j=0; j<N; j++)
            if (i<j)
                a[i][j]=0;
    printf("Result：\n");
    for (i=0; i<N; i++) {
        for (j=0; j<N; j++)
            printf("%8.2f", a[i][j]);
         printf("\n");                 //以行、列对齐的方式输出矩阵
     }
```

```
        return 0;
}
```

3）思考

如果将矩阵的上三角元素和下三角元素互换，如何修改程序？

实例 3. 编写程序，输入一个字符串，统计并输出其中大写字母的个数。

运行示例，运行时输入“Hello, Mary!↙”。

```
Enter a string：Hello, Mary!↙
The number of capital letters：2
```

1）分析

编程思路分析如表 1.40 所示。

表 1.40　编程思路分析

<table>
<tr><td colspan="3">处理的数据</td><td>一个字符串</td></tr>
<tr><td colspan="3">存储数据的变量及类型（含中间变量）</td><td>char str[81]; int i, count</td></tr>
<tr><td colspan="3">输入</td><td>一个字符串</td></tr>
<tr><td colspan="3">输出</td><td>字符串中大写字母的个数</td></tr>
<tr><td colspan="3">关键算法/关注点</td><td>一维字符数组、大写字母的判断</td></tr>
<tr><td rowspan="5">程序结构——循环</td><td colspan="2">变量初值</td><td>count = 0; i = 0</td></tr>
<tr><td colspan="2">循环条件</td><td>str[i]!= '\0'</td></tr>
<tr><td rowspan="2">需要反复执行的操作</td><td>判断条件</td><td>str[i]>= 'A' && str[i]<= 'Z'</td></tr>
<tr><td>分支 1</td><td>count++</td></tr>
<tr><td colspan="2">计数/增减量</td><td>i++</td></tr>
</table>

2）源程序

```
#include <stdio.h>
int main()
{
    char str[81];
    int i, count;
    count=0;
    printf("Enter a string：\n");
    gets(str);
    for (i=0; str[i]!='\0'; i++){
        if (str[i]>='A' && str[i]<='Z')
            count++;
    printf("The number of capital letters：%d", count);
}
```

3）思考

如果用 scanf()函数或 getchar()函数输入字符串，那么如何修改程序？

实例 4. 编写程序，输入 8 个实数并存入数组，使用冒泡排序，使其按升序排列，输出排序后的数组。

运行示例，运行时输入“5.2 1 7 3 4 8.1 2 6↙”。

```
Input 8 real numbers:
5.2 1 7 3 4 8.1 2 6↙
The sorted numbers are:
1.00 2.00 3.00 4.00 5.20 6.00 7.00 8.10
```

1）分析

冒泡排序算法的原理（升序）：对 *n* 个数，依次比较相邻两数，将大数交换到后面，经过一趟操作后，最大的数存放在最后；对前 *n*−1 个数重复以上操作，将次大数存放在倒数第 2 的位置；重复以上步骤，直至所有数均按升序排列。由于小数经由交换慢慢浮到数列前（顶）端，如同冒泡，故称冒泡排序。编程思路分析如表 1.41 所示。

表 1.41　编程思路分析

<table>
<tr><td colspan="4">处理的数据</td><td>N 个实数</td></tr>
<tr><td colspan="4">存储数据的变量及类型（含中间变量）</td><td>#define N 8
double a[N], t; int i, j</td></tr>
<tr><td colspan="4">输入</td><td>N 个实数</td></tr>
<tr><td colspan="4">输出</td><td>排序后的数组</td></tr>
<tr><td colspan="4">关键算法/关注点</td><td>冒泡排序算法</td></tr>
<tr><td rowspan="8">程序结构——循环</td><td colspan="3">变量初值</td><td>i = 0</td></tr>
<tr><td colspan="3">循环条件</td><td>i<N−1</td></tr>
<tr><td rowspan="5">需要反复执行的操作</td><td colspan="2">变量初值</td><td>j = 0</td></tr>
<tr><td colspan="2">循环条件</td><td>j<N−i−1</td></tr>
<tr><td rowspan="2">需要反复执行的操作</td><td>判断条件</td><td>a[j]>a[j+1]</td></tr>
<tr><td>分支 1</td><td>t=a[j]; a[j]=a[j+1]; a[j+1]=t</td></tr>
<tr><td colspan="2">计数/增减量</td><td>j++</td></tr>
<tr><td colspan="3">计数/增减量</td><td>i++</td></tr>
</table>

2）源程序

```
#include <stdio.h>
#define N 8
int main()
{
    int i, j;
    double a[N], t;
    printf("Input %d real numbers:\n", N);
    for (i=0; i<N; i++)
        scanf("%lf", &a[i]);
    for (i=0; i<N-1; i++)                //N 个数进行 N-1 趟排序
        for (j=0; j<N-i-1; j++)          //每趟排序 N-i 个数两两比较，比较交换次数为 N-i-1
            if (a[j]>a[j+1])             //若相邻两个元素不是小到大升序，则互换
            {   t=a[j];
                a[j]=a[j+1];
                a[j+1]=t;
            }
    printf("The sorted numbers are:\n");
    for (i=0; i<N; i++)
```

```
            printf("%5.2f", a[i]);
        return 0;
    }
```

3）思考

如果排序算法的 for 循环语句中 i=1，那么如何修改程序？

三、实验内容

（1）编写程序，将 2～50 之间的素数存放在一维数组中，输出该数组。

提示：仿照实例 1，根据注释填写下列程序。

```
#include <stdio.h>
#include <math.h>
#define N 50
int main( )
{
    int i, k, j=0, a[N];
    for (k = 2; ________; k++) { //判断 2～50 之间的数
        for(i=2; i<=sqrt(k); i++)
            if(k%i= =0)   break;   //当 k 被某个 i 整除时，提前结束循环
        if (i>sqrt(k)){
            ________//若为素数，则将其存放在一维数组中
            ________//数组长度加 1
        }
    }
    for (k = 0; k<j; k++)
        printf("%d", a[k]);
    return 0;
}
```

（2）编写程序，输入一个 5 行 6 列的矩阵，计算并输出矩阵的所有元素和。

提示：仿照实例 2，填写表 1.42，并完成程序。

表 1.42　编程思路分析

<table>
<tr><td colspan="3">处理的数据</td><td></td></tr>
<tr><td colspan="3">存储数据的变量及类型（含中间变量）</td><td></td></tr>
<tr><td colspan="3">输入</td><td></td></tr>
<tr><td colspan="3">输出</td><td></td></tr>
<tr><td colspan="3">关键算法/关注点</td><td></td></tr>
<tr><td rowspan="7">程序结构——循环</td><td colspan="2">变量初值</td><td></td></tr>
<tr><td colspan="2">循环条件</td><td></td></tr>
<tr><td rowspan="4">需要反复执行的操作</td><td>变量初值</td><td></td></tr>
<tr><td>循环条件</td><td></td></tr>
<tr><td>需要反复执行的操作</td><td></td></tr>
<tr><td>计数/增减量</td><td></td></tr>
<tr><td colspan="2">计数/增减量</td><td></td></tr>
</table>

（3）编写程序，输入一个字符串，将其中的小写字母修改为大写字母，输出该字符串。

提示：仿照实例 3，填写表 1.43，并完成程序。

表 1.43　编程思路分析

<table>
<tr><td colspan="3">处理的数据</td><td></td></tr>
<tr><td colspan="3">存储数据的变量及类型（含中间变量）</td><td></td></tr>
<tr><td colspan="3">输入</td><td></td></tr>
<tr><td colspan="3">输出</td><td></td></tr>
<tr><td colspan="3">关键算法/关注点</td><td></td></tr>
<tr><td rowspan="5">程序结构——循环</td><td colspan="2">变量初值</td><td></td></tr>
<tr><td colspan="2">循环条件</td><td></td></tr>
<tr><td rowspan="2">需要反复执行的操作</td><td>判断条件</td><td></td></tr>
<tr><td>分支 1</td><td></td></tr>
<tr><td colspan="2">计数/增减量</td><td></td></tr>
</table>

（4）编写程序，输入 50 个学生的数学成绩并保存在数组中，计算并输出该门成绩的及格人数、平均分、最高分及其下标。

（5）编写程序，输入一个字符串，分别统计并输出其中的数字字符、空格字符和其他字符出现的次数。

（6）编写程序，输入一个 6 行 8 列的矩阵，计算并输出矩阵最大值及其行、列下标，每行的元素和，每行的最小值及其行、列下标（假设矩阵中所有元素的值各不相同）。

（7）编写程序，输入 20 个数并存入数组，将下标值为偶数的元素按降序排列，输出该数组。

（8）编写程序，输入一个字符串，统计并输出其中定冠词 the 的个数。

（9）设计一个具有进制转换功能的计算器，可将输入的一个十进制、二进制、八进制或十六进制的整数转换为其他 3 种进制的整数后输出。思考：如何实现实数的进制转换?

实验七　指　　针

一、知识点

指针是 C 语言中的一类数据类型及其对象或变量，用来表示或存储一个存储器地址，这个地址的值直接指向存储在该地址的变量的值。指针的相关概念如表 1.44 所示。

表 1.44　指针的相关概念

指针变量的定义形式	数据类型 *指针变量名; 例如： int *p;
指针变量的赋值	例如： int a=2, *q;　int *p=&a;　int b=*p;　q=&b;

（续表）

相关运算符	地址运算符&，&a 表示变量 a 的地址。 间接访问运算符*（解引用运算符），*p 表示指针 p 所指向的变量的值
指针类型	所有指针的值的实际数据类型（无论整型、浮点型、字符型等）都是相同的，即表示内存地址的十六进制数。不同数据类型的指针之间的唯一区别是指针指向的变量或常量的数据类型。 指针类型与变量类型必须对应。例如，int*类型的指针只能指向 int 型的变量
空指针 NULL	一个定义在标准库中的值为 0 的常量。在没有确切地址要分配的情况下，将 NULL 值分配给指针变量是一个好习惯
野指针	不指向任何合法的对象的指针。对野指针进行操作是不允许的，可能会造成严重的错误，甚至系统崩溃。例如，错误的操作“int *p; *p=100;”，声明了一个 int 型指针 p，但未对其赋值。此时 p 就是一个野指针，在对其赋值之前，不能使用该指针操作
指针与函数	指针作为函数形参传地址，若形参指针指向的对象在函数体中被改变，则实参指针指向的对象也被改变。例如，函数调用 swap(&a, &b);，函数定义 void swap(int *x, int *y){…}
指针运算	指向数组、字符串的指针变量可以进行加、减运算，如 p+n、p–n、p++、p– –等。指向同一数组的两个指针变量可以相减。其他指针变量进行加、减运算无意义。 比较指针时，如 p1<p2 代表 p1 指向的位置比 p2 靠前；p1>p2 代表 p1 指向的位置比 p2 靠后；p1= =p2 代表 p1 与 p2 指向同一位置
指针与数组	数组名是表示数组首地址的地址常量，例如，int a[10]; int *p=a;，指针 p 指向了数组 a 的首地址（即 a[0]的地址）。int *p=a;等价于 int *p=&a[0];。 存取下标为 j 的数组元素的方式有 a[j]、*(a+j)、*(p+j)。 *p++是 p+1，(*p)++是将 p 指向的元素值加 1
指针与二维数组	例如，int a[3][4];，二维数组的地址是 a。a[0]、a[1]、a[2]、a+i 为行地址。&a[i][j]、a[i]+j 为元素的地址。a[i][j]、*(a[i]+j)、*(*(a+i)+j) 为元素值

指向二维数组行的指针	定义形式：数据类型 (*指针变量)[二维数组列数]。
	例如，int (*p)[4], a[5][4]; p=a+1; //定义了一个指向包含 4 列的 int 型二维数组某一行的行指针 p，p 指向数组 a 的第 2 行的地址。若 p=a;，则可用 p 代替 a 访问数组。
	行指针可作为形参，例如，change(a+1,3,3) //函数调用，void change(int (*x)[4], int n, int m){…} //行指针 x 指向数组 a 第 2 行的地址

指向 const 变量的指针	例如，int a=5; const int* p=&a;，不能通过 p 去修改 a 的值。 指向字符串常量的指针，通常用 const 指针，例如，const char * str="Hello World";。const 指针不允许指向其他变量，例如，int* const p=&a，p 不能再通过赋值语句指向其他变量

指针与字符串	字符串在 C 语言中用带有双引号的字符串常量表示，可以用一个末尾有'\0'的字符数组来存储。可以把字符串首地址赋给字符指针，初始化字符指针，例如，char *str="Hello World";。
	指向字符串常量的指针不能修改字符串，例如，const char *str="Hello World"; str[0]='A'; //错误。
	可以通过字符数组名或指向字符串的指针引用字符串，例如，printf("%s\n", s1); printf("%c\n", *s1);

指针作为函数参数	字符串指针可以作为函数参数，例如，char a[81]={"Hello!"};
	mystrlen(a); //函数调用
	int mystrlen(char *s) {…} //函数形参指针变量 s 与 a 指向同一字符串

指针数组	例如，int *p[5]; //p 有 5 个元素，各元素存储 int 型对象的地址

指针指向函数	例如，double (*q)(double, double); q=pow(x,y); // q 指向 pow()函数，求 x^y。
	将函数指针作为函数参数，利用其不同指向，可调用不同的函数，函数更具通用性

二、实例分析

实例 1. 编写程序，定义一个函数 void swap(int *p1, int *p2)，将指针 p1 和 p2 指向的变量的值进行交换。

运行示例：

```
Before calling swap：a=1, b=2
After calling swap：a=2, b=1
```

1）分析

指针作为函数参数，在函数体内对形参指针指向的变量进行修改，此修改会影响实参指针指向的变量，因为在指针参数的传递过程中，形参与对应实参的指针地址值相同，指向同一个变量。

2）源程序

```
#include <stdio.h>
void swap(int *p1, int *p2)
{
    int temp;
    temp = *p1;
    *p1 = *p2;
    *p2 = temp;
}

int main()
{
    int a = 1, b = 2;
    printf("Before calling swap：a=%d, b=%d\n", a, b);
    swap(&a, &b);
    printf("After calling swap：a=%d, b=%d\n", a, b);
    return 0;
}
```

3）思考

如果换成 void swap(int a, int b)形式的函数，可以完成两个实参值的交换吗？

指针作为函数参数，与非指针的普通变量作为函数参数，有什么不同？

实例 2. 编写函数 void print_arr(int *p, int n)，用于输出 int 型数组的所有值。其中，形参 p 为指向数组首地址的指针，n 为数组长度。输出时，每个元素占 5 个字符的宽度。编写函数 void rev_arr(int *p, int n)，用于将 int 型数组进行倒序排列，其中形参 p 为指向数组首地址的指针，n 为数组长度。调用这两个函数，对数组进行倒序排列，并输出数组倒序排列前、后各个元素的值。

运行示例（第 1 行为倒序排列前，第 2 行为倒序排列后）：

```
    1    2    3    4    5    6    7
    7    6    5    4    3    2    1
```

1）分析

打印数组：定义一个指针 ptr，在数组范围内由前向后移动，进行遍历，如图 1.28 所示。编程思路分析如表 1.45 所示。

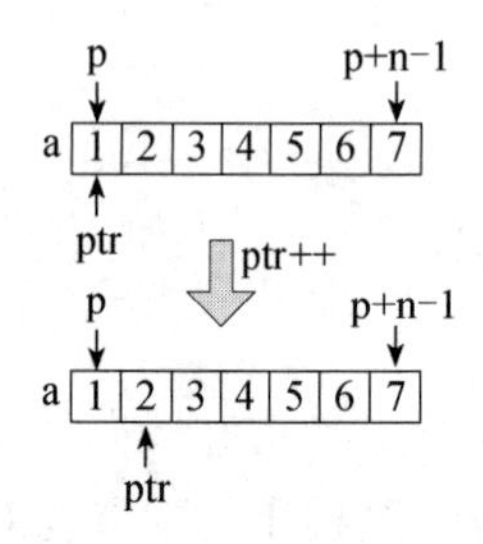

图 1.28　打印数组

表 1.45　编程思路分析

循环初值	ptr = p，即指向数组首地址，即 a[0]的地址
循环条件	ptr <= p+n−1（或 ptr < p+n 或 ptr != p+n），即 ptr 指向数组末尾元素，再往后移动时，循环结束
循环增量	ptr++，即 ptr 指向下一个元素

数组倒序：定义两个指针，p1 指向数组头部，p2 指向数组尾部，依次后移 p1 和前移 p2，将 p1 与 p2 指向的值互换，直到 p1 与 p2 移动到数组正中，算法结束，如图 1.29 所示。编程思路分析如表 1.46 所示。

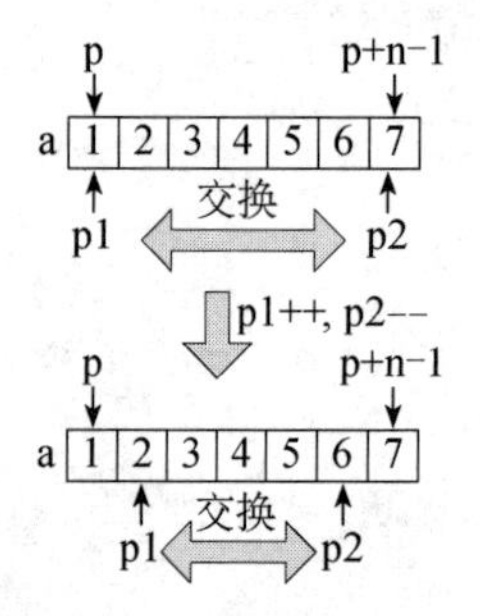

图 1.29　数组倒序

表 1.46　编程思路分析

循环初值	p1=p, p2=p+n−1，即 p1 指向数组第 1 个元素，p2 指向数组最后一个元素
循环条件	p1<p2，即 p1 向后移动，p2 向前移动，直到移动到数组正中，算法结束
循环增量	p1++, p2− −，即 p1 向后移动一个元素，p2 向前移动一个元素

2）源程序

```
#include <stdio.h>
void print_arr(int *p, int n)
{
    int *ptr;
    for(ptr = p; ptr != p + n; ptr++)
```

```
            printf("%5d", *ptr);
        printf("\n");
    }
    void rev_arr(int *p, int n)
    {
        int *p1, *p2, temp;
        for(p1 = p, p2 = p + n - 1;  p1 < p2;  p1++, p2--)
        {
            temp = *p1;
            *p1 = *p2;
            *p2 = temp;
        }
    }
    int main()
    {
        int a[7] = {1, 2, 3, 4, 5, 6, 7};
        print_arr(a, 7);
        rev_arr(a, 7);
        print_arr(a, 7);
        return 0;
    }
```

3）思考

在 rev_arr()函数中，如果不允许额外定义 p1 和 p2 指针，但仍然要求使用指针实现数组逆序，应该如何修改程序？

实例 3. 编写函数 void str_upper(char *s)，将字符串中的英文字母变成大写。

运行示例，运行时输入“cjlu123↙”。

```
Input a string:
cjlu123↙
Before:
cjlu123
After:
CJLU123
```

1）分析

使用指针 s，对字符串进行遍历，直到遇到'\0'。当指针指向的字符为小写字母（即*s>= 'a' && *s<='z'）时，将其修改为大写字母（*s-='a'-'A'）。

2）源程序

```
#include <stdio.h>
void str_upper(char *s)
{
    while(*s != '\0')
    {
        if(*s >= 'a' && *s <= 'z')
```

```
                *s -= 'a' - 'A';
            s++;
        }
    }
    int main()
    {
        char str[100];
        printf("Input a string:\n");
        gets(str);
        printf("Before:\n%s\n", str);
        str_upper(str);
        printf("After:\n%s\n", str);
        return 0;
    }
```

3）思考

如果是将大写字母修改为小写字母，那么如何修改程序？

实例 4. 编写函数 int mystrlen(char *s)，求字符串长度，要求不调用库函数 strlen()。运行示例，运行时输入“Hello CJLU!↙”。

```
Input a string:
Hello CJLU!↙
len=11
```

1）分析

使用一个字符指针 p，其初值指向字符串首地址。p 向字符串末端方向移动，直到遇到'\0'，此时指针 p 与字符串首地址指针 s 的差值（p−s）即为字符串长度。

2）源程序

```
#include <stdio.h>
int mystrlen(char *s)
{
    char *p = s;
    while(*p != '\0')     p++;
    return p - s;
}
int main()
{
    char str[100];
    printf("Input a string:\n");
    gets(str);
    printf("len=%d\n", mystrlen(str));
    return 0;
}
```

3）思考

如果字符数组中有多个'\0'，字符串的长度如何计算？

实例 5. 编写程序，计算整型二维数组主对角线元素之和。

运行示例，运行时输入“1 2 3↙4 5 6↙7 8 9↙”。

```
Input a 3x3 matrix:
1 2 3↙
4 5 6↙
7 8 9↙
sum=15
```

1）分析

定义一个二维数组的行指针 int (*p)[3]指向二维数组，p++表示移到下一行。*(*p+j)为 p 指向该行第 j 列的元素。

2）源程序

```
#include <stdio.h>
void input_matrix(int (*p)[3])
{
    int i, j;
    for (i = 0; i < 3; i++)
    {
        for (j = 0; j < 3; j++)
            scanf("%d", *p + j);
        p++;
    }
}
int diag_sum(int (*p)[3])
{
    int sum = 0, i;
    for(i = 0; i < 3; i++)
        sum += *(*(p + i) + i);
    return sum;
}
int main()
{
    int a[3][3];
    printf("Input a 3x3 matrix:\n");
    input_matrix(a);
    printf("sum=%d\n", diag_sum(a));
    return 0;
}
```

3）思考

如果要求二维数组副对角线元素之和，那么如何修改程序？

三、实验内容

（1）以循环方式编写一个函数 void print_rev_str(char *s)，倒序输出字符串 s。

提示：先使用一个指针 p 移动到'\0'位置，然后反向移动并输出。

填写下列程序。

```
#include <stdio.h>
void print_rev_str(char *s)
{
    char *p = s;
    while(__________)
        p++;
    while(__________)
        printf("__________",__________);
}
int main()
{
    print_rev_str("CJLU");
}
```

（2）以递归方式编写一个函数 void print_rev_str(char *s)，倒序输出字符串 s。

提示：首先判断 s 是否指向'\0'，如果是，则 s 已经指向字符串末端，函数直接返回。然后递归调用 print_rev_str()，逆序打印 s 指针后的所有字符，接着将 s 指向的字符打印出来。

填写下列程序。

```
#include <stdio.h>
void print_rev_str(char *s)
{
    if(__________)
        return;
    print_rev_str(__________);
    printf("__________",__________);
}
int main()
{
    print_rev_str("CJLU");
}
```

（3）编写函数 int find_char(const char* str, const char ch)，返回 ch 在 str 中的位置（下标）。如果 ch 在 str 中不存在，那么返回−1。如果 ch 在 str 中出现多次，那么以第 1 次出现为准。使用指针进行编写。

填写下列程序。

```
#include <stdio.h>
int find_char(const char *str, const char ch)
{
```

```
        const char *p;
        for(p = str;__________;__________)
        {
            if(__________)
                return p−str;
        }
        return −1;
    }
    int main()
    {
        char str[100], ch;
        printf("Input str:\n");
        gets(str);
        printf("Input ch:\n");
        ch = getchar();
        printf("position = %d\n", find_char(str, ch));
        return 0;
    }
```

（4）编写子串查找函数 int find_str(const char* str1, const char* str2)，返回 str2 在 str1 中的位置。如果 str2 在 str1 中不存在，那么返回−1。如果 str2 在 str1 中出现多次，那么以第 1 次出现为准。使用指针进行编写。

（5）编写程序，将一个 $N \times N$ 的方阵 $\boldsymbol{A}$ 转置后输出。要求使用二维数组的行指针实现。

（6）一个小组有 4 个学生，每个学生有 3 门课程：语文、数学、英语的成绩（0～100 的整数）。使用 4 行 3 列的二维数组存储这些成绩。计算每个学生三门课程的平均成绩并输出（精确到小数点后 2 位）。要求使用指针进行实现。

实验八 结 构 体

一、知识点

在 C 语言中，可用数组处理同类型的相关数据。如果需要处理不同类型的相关数据，那么需要使用结构体。结构体通常用于表示记录。例如，对于图书馆中的一本书，它包含以下属性：书名（字符串）、作者（字符串）、学科（字符串）、书号（整型），则可用结构体进行描述。

结构体的定义形式：

```
struct 结构体名
{
    类型 成员变量 1;
    类型 成员变量 2;
    ……
    类型 成员变量 N;
} 结构体变量;
```

例如，下面这段代码定义了一个名为 Book 的结构体，其中包含 title、author、subject、book_id 4 个成员变量。在结构体定义结束处，同时定义了一个 Book 类型的结构体变量 book1。结构体类型定义与变量定义可以分开。注意，当定义结构体变量时，struct Book 整体作为结构体类型名，不可删除 struct 关键字。

```
struct Book
{
    char   title[50];          /* 书名 */
    char   author[50];         /* 作者 */
    char   subject[100];       /* 学科 */
    int    book_id;            /* 书号 */
} book1;
```

或

```
struct Book
{
    char   title[50];          /* 书名 */
    char   author[50];         /* 作者 */
    char   subject[100];       /* 学科 */
    int    book_id;            /* 书号 */
};
struct Book book1;
```

访问结构体成员可使用成员运算符，如 book1. title、book1.book_id。

结构体变量的赋值有 3 种方式。

（1）定义时初始化结构体变量，例如：

```
struct Book book1 = {"C Programming", "Nuha Ali", "C Programming Tutorial", 6495407};
```

（2）对成员进行赋值，例如：

```
book1.book_id=6495407;
strcpy(book1.title, "C Programming");
```

（3）结构体变量之间整体赋值，例如：

```
struct Book book1, book2;
……
book2=book1;
```

结构体数组的定义，可以在定义结构体时直接定义，或在定义结构体后单独定义，例如：

```
struct Book
{
    char   title[50];          /* 书名 */
    char   author[50];         /* 作者 */
    char   subject[100];       /* 学科 */
    int    book_id;            /* 书号 */
} books[10];
```

或

```
struct Book
{
```

```
    char    title[50];              /* 书名 */
    char    author[50];             /* 作者 */
    char    subject[100];           /* 学科 */
    int     book_id;                /* 书号 */
};
……
struct Book books[10];
```

结构体数组的初始化，例如：

```
struct Book books[2]=
{
    {"C Programming", "Nuha Ali", "C Programming Tutorial", 6495407},
    {" Thinking in Java", " Bruce Eckel", "Java Programming", 131872486}
} ;
```

指向结构体变量的指针可表示为 struct Book *p; p=& book1;。

使用–>指向运算符，可通过指针访问结构体成员，例如，p–> title、(*p).title。

在早期的编译器中，结构体变量的大小等于各个成员变量大小之和。在现代编译器中，结构体对齐机制会导致结构体变量的大小大于或等于各成员变量大小之和。可以使用 sizeof() 函数进行验证。

二、实例分析

实例 1. 定义时间结构体 Time，包含时、分、秒（24 小时制）。编写 show_time()函数，显示时间，如 23:59:59。编写 add_one_second()函数，对 Time 结构体变量进行加 1 秒操作。

运行示例：

```
23:59:59
00:00:00
```

1）分析

此例中涉及知识点：

① 结构体定义、结构体成员访问；

② 输出时补全前导 0；

③ 时间进位的处理。

2）源程序

```
#include <stdio.h>
struct Time
{
    int h, m, s;
};
void show_time(struct Time t)
{
    printf("%02d:%02d:%02d\n", t.h, t.m, t.s);
}
struct Time add_one_second(struct Time t)
```

```
{
    int carry;
    t.s++;
    t.m += t.s / 60;
    t.s %= 60;
    t.h += t.m / 60;
    t.m %= 60;
    t.h %= 24;
    return t;
}

int main()
{
    struct Time t = {23, 59, 59};
    show_time(t);
    t = add_one_second(t);
    show_time(t);
    return 0;
}
```

3）思考

如果要求编写一个函数 input_time()，从键盘输入时间，如何编写？

实例 2. 定义学生结构体 Student，包含姓名和年龄字段。初始化一个学生结构体的数组，包含 3 个学生的信息：Tom 20 岁，Peter 22 岁，Mary 19 岁。找出最年长的学生，输出其姓名和年龄。

运行示例：

```
Peter：22 years old
```

1）分析

此例中涉及结构体定义、结构体数组、结构体指针、结构体成员访问知识点。

2）源程序

```
#include <stdio.h>
struct Student
{
    char name[30];
    int age;
};
struct Student find_oldest(struct Student *p, int n)
{
    struct Student *max_p;
    int i;
    for (i = 1, max_p = p; i < n; i++, p++)
        if(p->age > max_p->age)
            max_p = p;
    return *max_p;
```

```
}
int main()
{
    struct Student students[3] =
    {
        {"Tom", 20},
        {"Peter", 22},
        {"Mary", 19}
    };
    struct Student oldest = find_oldest(students, sizeof(students) / sizeof (students[0]));
    printf("%s：%d years old\n", oldest.name, oldest.age);
    return 0;
}
```

3）思考

如果换成 void swap(int a, int b)形式的函数，可以完成两个实参值的交换吗？

指针作为函数参数，与非指针的普通变量作为函数参数，有什么不同？

实例 3. 链表是一种常见的重要的数据结构。链表的每个元素称为结点（Node）。每个结点都应包括两个部分：用户需要用的实际数据 data、下一个结点的地址 next。链表有一个头指针变量 head，指向链表的第 1 个结点（头结点）。头指针 head 指向第 1 个结点，第 1 个结点的 next 指针又指向第 2 个结点，以此类推，直到最后一个结点，该结点不再指向其他元素，称为表尾，它的地址部分放一个 NULL（表示空地址），链表到此结束。编写程序，构建一个链表，其中有 3 个结点，分别存有数据 1、2、3。编写函数 show_linked_list()，遍历整个链表。

运行示例：

```
1->2->3
```

1）分析

此例中涉及结构体定义、结构体指针、结构体成员访问知识点。

定义结构体 struct Node 作为链表结点，其包含两个成员：当前结点的数据和指向下一结点的指针。题目描述的链表如图 1.40 所示。

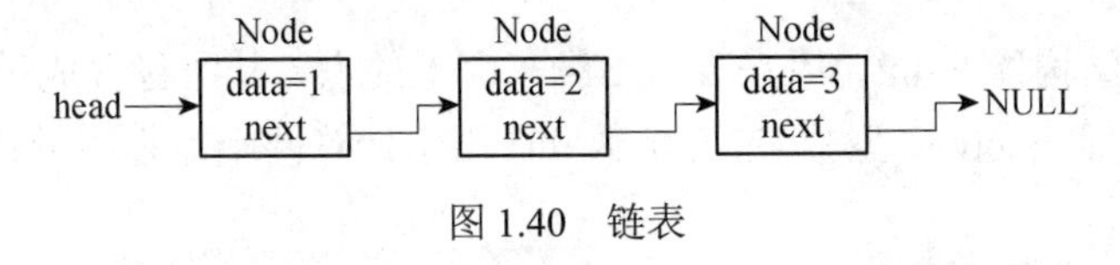

图 1.40　链表

其中，head 为指向链表头结点的指针。最后一个结点的 next 指针指向 NULL，表示链表结束。

2）源程序

```
#include <stdio.h>
struct Node
{
    int data;
```

```
    struct Node* next;
};
void show_linked_list(struct Node* head)
{
    struct Node* p=head;
    while(p)
    {
        printf("%d",p->data);
        if(p=p->next)
            printf("->");
    }
    printf("\n");
}

int main()
{
    struct Node n1,n2,n3,*head;
    head=&n1;
    n1.data=1;
    n1.next=&n2;
    n2.data=2;
    n2.next=&n3;
    n3.data=3;
    n3.next=NULL;
    show_linked_list(head);
    return 0;
}
```

3）思考

如何根据成员 data 的数值对链表结点进行从大到小的排序？

三、实验内容

（1）定义一个结构体 Point，用来表示二维平面上的点，其中包含成员变量 x 和 y，表示点的横坐标和纵坐标（double 型）。定义函数 dist 用于计算两个点之间的距离。

填写下列程序。

```
#include <stdio.h>
#include <math.h>
struct ________
{
    ___________;
    ___________;
};
```

```
void input_point(struct Point *p)
{
    scanf("%lf%lf",______，_______);
}

double dist(struct Point a, struct Point b)
{
    return____________________________________________________;
}
int main()
{
    struct Point a, b;
    printf("Input two points:\n");
    input_point(________);
    input_point(________);
    printf("distance=%lf\n", dist(a, b));
    return 0;
}
```

（2）定义一个复数结构体 Complex，包含实部 real 和虚部 imaginary 两个成员变量（均为 double 型）。定义函数 void print_complex(struct Complex x)，用于以 a+bi 的形式输出复数。定义一个函数 struct Complex complex_sub(struct Complex x, struct Complex y)，计算两个复数的差 x−y。完成整个程序，令 x=2+5i，y=3+7i，输出 x、y 以及 x−y 的计算结果。

填写下列程序。

```
#include <stdio.h>
struct _____________
{
    ______________;
    ______________;
};
void print_complex(struct Complex x)
{
    printf(____________________________________________________________);
}

struct Complex complex_sub(struct Complex x, struct Complex y)
{
    struct Complex z = {_______________________________________________};
    return z;
}
int main()
{
    struct Complex x =___________, y = ___________;
    printf("x=");
```

```
        print_complex(x);
        printf("\ny=");
        print_complex(y);
        printf("\nx-y=");
        ______________________________________________;
        printf("\n");
        return 0;
    }
```

（3）定义一个矩形结构体 Triangle，结构体中包含 3 条边的边长 a、b、c（均为 double 型）。创建一个数组 triangles，包含 3 个 Triangle 结构体变量。第 i 个（i 从 0 开始计数）三角形的边长分别为 a=2i+2、b=i+1、c=i+2。计算每个三角形的面积并输出。

填写下列程序。

```
#include <stdio.h>
#include <math.h>
____________________
{
    double a, b, c;
};

double area(struct Triangle t)
{
    double p = (t.a + t.b + t.c) / 2.0;
    return ______________________________;
}

int main()
{
    ________________________;
    int i;
    for(i = 0; i < 3; i++)
    {
        _______________________;
        _______________________;
        _______________________;
    }
    for(i = 0; i < 3; i++)
        printf("Area %.4lf\n", area(triangles[i]));
    return 0;
}
```

（4）基于结构体，编写一个班级成绩排序系统。

定义一个结构体 Student，包含姓名（name，字符串）、学号（id，int 型）、3 门课程成绩（score，double 数组）、平均成绩（avg_score，double 型）。输入每个学生的姓名、学号、3

门课程成绩。计算平均成绩，按平均成绩由高到低排序后输出。

填写下列程序。

```
#include <stdio.h>
#define N 3   /* 学生人数 */
struct Student
{
    ______________;
    ______________;
    ______________;
    ______________;
};

void input_student_info(struct Student *p, int n)
{
    int i;
    for (i = 0; i < n; i++,______)
    {
        printf("—————————————————————————\n");
        printf("student %d\n", i + 1);
        printf("name： ");
        gets(_________);
        printf("id： ");
        scanf("%d",_________);
        printf("scores： ");
        scanf("%lf%lf%lf",________,_______,__________);
        printf("—————————————————————————\n");
        fflush(stdin);
    }
}

void calculate_avg_score(struct Student *p, int n)
{
    int i;
    for (i = 0; i < n; i++,_________)
        p->avg_score =_____________________________________________;
}

void print_student_info(struct Student *p, int n)
{
    int i;
    printf("—————————————————————————\n");
    printf("%15s%8s%8s%8s%8s%12s\n", "name", "id", "score1", "score2", "score3", "avg score");
    for (i = 0; i < n; i++, p++)
```

```
            printf("%15s%8d%8.1lf%8.1lf%8.1lf%12.1lf\n",
                    __________,___,_____,_______,_____,_________);
        printf("-----------------------------------\n");
}

void sort_by_avg_score(struct Student *p, int n)
{
        struct Student temp;
        int i, j;
        for (i = 0; i <________; i++)
            for (j = 0; j < _______; j++)
                if(_______->avg_score < ______->avg_score)
                {
                    __________________;
                    __________________;
                    __________________;
                }
}

int main()
{
        struct Student students[N];
        input_student_info(students, N);
        calculate_avg_score(students, N);
        sort_by_avg_score(students, N);
        print_student_info(students, N);
        return 0;
}
```

（5）一个学生的数据包含学号、姓名和 4 门课程的成绩。输入数据，计算学生的平均成绩，输出学生学号、姓名、各门课程的成绩和平均成绩。要求使用结构体实现。

（6）一个班的学生的数据包含学号、姓名和 4 门课程的成绩。输入数据，计算学生的平均成绩，输出所有学生的学号、姓名、各门课程的成绩和平均成绩，输出平均成绩最高的学生数据。要求使用结构体实现。

实验九　共用体、枚举和位运算*

一、知识点

共用体又称联合或联合体，是 C 语言中一种特殊的数据类型，它允许将不同的数据类型存储在同一内存位置。可以定义具有多个成员的共用体，但是在任何给定时间内只能有一个成员并包含一个值。共用体提供一种将相同内存位置用于多种用途的有效方法。共用体的定义形式：

```
union 共用体名
{
    类型 成员变量 1;
    类型 成员变量 2;
    ……
    类型 成员变量 N;
} 共用体变量;
```

例如：

```
union Data
{
    int i;
    float f;
    char str[20];
} data;
```

Data 类型的变量可以存储整数、浮点数或字符串，即可以使用一个变量（相同的存储位置）来存储多种类型的数据。可以根据需要在共用体内使用任何内置或用户定义的数据类型。共用体占用的内存足以容纳共用体的最大成员。例如，Data 类型变量占用 20 字节的内存空间，因为这是字符串可以占用的最大空间。要访问共用体的任何成员，需要使用成员访问运算符。注意，共用体只能访问最后一次赋值的成员，对其余成员的访问会造成数据错误。

枚举类型是一种由整数常量组成的数据类型，在枚举的定义中，可以省略取值。如果均省略取值，那么默认从 0 开始，逐个加 1 递增。枚举的定义形式：

```
enum 枚举名
{
    常量 1 名称 = 常量 1 的取值,
    常量 2 名称 = 常量 2 的取值,
    ……
    常量 N 名称 = 常量 N 的取值,
};
```

在 CPU 的 ALU 中，位加法、减法、乘法和除法之类的数学运算是在位级别完成的。为了在 C 语言中执行位运算，C 语言定义了位运算符，如表 1.47 所示。

表 1.47 位运算符

位运算符	运算操作
&	按位与
|	按位或
^	按位异或
~	按位取反
<<	左移
>>	右移

二、实例分析

实例 1. 定义共用体 Data，其中包含 int 型变量 i，float 型变量 f 和长度为 20 的字符数组 str。

查看共用体大小，并按以下步骤操作，观察输出结果。

将 i 赋值 100，输出 i、f 和 str。

将 f 赋值 2.5，输出 i、f 和 str。

将 str 填充为"abc"，输出 i、f 和 str。

运行示例：

```
Memory size occupied by data：20 bytes
Assigning data.i=100
data.i=100, data.f=0.000000, data.str=d
Assigning data.f=2.5f
data.i=1075838976, data.f=2.500000, data.str=Assigning data.str="abc"
data.i=6513249, data.f=0.000000, data.str=abc
```

1）分析

共用体大小为最大成员所占用的内存大小。此例中 int 型占用 4 字节，float 型占用 4 字节，长度为 20 的 char 数组占用 20 字节。故共用体 Data 类型占用 20 字节。

在对共用体成员的每次赋值后，只有最后赋值的成员可访问。访问其余成员会得到错误的值。

2）源程序

```
#include <stdio.h>
#include <string.h>
union Data
{
    int i;
    float f;
    char str[20];
};

int main()
{
    union Data data;
    printf( "Memory size occupied by data：%d bytes\n", sizeof(data));
    printf("Assigning data.i=100\n");
    data.i=100;
    printf( "data.i=%d, data.f=%f, data.str=%s\n", data.i, data.f, data.str);
    printf("Assigning data.f=2.5f\n");
    data.f=2.5f;
    printf( "data.i=%d, data.f=%f, data.str=%s\n", data.i, data.f, data.str);
    printf("Assigning data.str=\"abc\"\n");
    strcpy(data.str,"abc");
    printf( "data.i=%d, data.f=%f, data.str=%s\n", data.i, data.f, data.str);
    return 0;
}
```

3）思考

对共用体成员的每次赋值，为什么只有最后赋值的成员可访问并得到正确的值？

实例 2. 利用枚举编写程序，输出 Monday、Tuesday、Wednesday、Thursday、Friday、Saturday、Sunday，以及对应于一周的第几天。

运行示例：

```
Monday：day 1.
Tuesday：day 2.
Wednesday：day 3.
Thursday：day 4.
Friday：day 5.
Saturday：day 6.
Sunday：day 7.
```

1）分析

定义一个枚举 enum dayofweek{Monday=1,Tuesday,Wednesday,Thursday,Friday,Saturday,Sunday};，其中 Monday 指定取值为 1，后面成员默认逐个加 1 递增。dayofweek 枚举定义的等价关系如表 1.48 所示。

表 1.48　dayofweek 枚举定义的等价关系

枚举常量	整数（枚举常量的值）
Monday	1
Tuesday	2
Wednesday	3
Thursday	4
Friday	5
Saturday	6
Sunday	7

2）源程序

```
#include<stdio.h>
enum dayofweek{Monday=1, Tuesday, Wednesday, Thursday, Friday, Saturday, Sunday};
int main()
{
    printf("Monday：day %d.\n", Monday);
    printf("Tuesday：day %d.\n", Tuesday);
    printf("Wednesday：day %d.\n", Wednesday);
    printf("Thursday：day %d.\n", Thursday);
    printf("Friday：day %d.\n", Friday);
    printf("Saturday：day %d.\n", Saturday);
    printf("Sunday：day %d.\n", Sunday);
    return 0;
}
```

3）思考

如果 Monday 没有指定取值为 1，程序的输出结果是什么？枚举类型有什么用途？

实例 3. 编写程序，计算 12&25，12|25，12^25，～35，212>>2，212<<2。分析计算结果是如何得来的。

运行示例：

```
12&25=8
12|25=29
12^25=21
~35=-36
212>>2=53
212<<2=848
```

1）分析

先将涉及计算的数字用二进制数表示：

12=00001100（二进制数）；

25=00011001（二进制数）；

35=00100011（二进制数）；

212=11010100（二进制数）。

12&25 的计算如下：

```
   00001100
&  00011001
   00001000  = 8（十进制数）
```

12|25 的计算如下：

```
   00001100
|  00011001
   00011101  = 29（十进制数）
```

12^25 的计算如下：

```
   00001100
^  00011001
   00010101  = 21（十进制数）
```

～35 的计算如下（以 4 字节 int 型为例）：

```
~  00000000000000000000000000100011（二进制补码）
   11111111111111111111111111011100（二进制补码）  = -36（十进制数）
```

注意：～N 的值为-(N+1)。

212>>2 的计算如下：

```
   11010100
>> 2
   110101  = 53（十进制数）
```

注意：a>>b 等价于 $a/(2^b)$。

212<<2 的计算如下：

　　11010100
<< 2
　　1101010000　= 848（十进制数）

注意：a<<b 等价于 $a(2^b)$。

2）源程序

```
#include<stdio.h>
int main()
{
    printf("12&25=%d\n",12&25);
    printf("12|25=%d\n",12|25);
    printf("12^25=%d\n",12^25);
    printf("~35=%d\n",~35);
    printf("212>>2=%d\n",212>>2);
    printf("212<<2=%d\n",212<<2);
    return 0;
}
```

三、实验内容

（1）整型、长整型等数据类型具有多个字节。在不同的计算机中，多个字节在内存中的存储顺序（称为字节序）不同，分为大端（big-endian）和小端（little-endian）。大端字节序存储第 1 个字节，是最高位字节（按照从低地址到高地址的顺序存放数据的高位字节到低位字节）；小端字节序则相反，第 1 个字节是最低位字节（按照从低地址到高地址的顺序存放数据的低位字节到高位字节）。编写程序，利用共用体的原理和性质，判断计算机是大端的（输出 big-endian）还是小端的（输出 little-endian）。

填写下列程序。

```
#include<stdio.h>
int main()
{
    union
    {
        int a;
        char b;
    } data;
    data.a = 1;
    /* 请先分别画出大端和小端机器中 data 共用体变量的内存储存示意图 */
    if(____________)
        printf("little-endian\n");
    else
        printf("big-endian\n");
    return 0;
}
```

（2）C 语言（ANCI C89 标准）中只能用整型的 0 和 1 表示逻辑的假和真，而 C++语言中，有一种布尔型变量 bool，其取值可以为 false（表示假）或 true（表示真）。使用枚举，在 C 语言中也可实现布尔型变量功能，并进行布尔型变量的测试，查看 false 是否为 0，true 是否为 1。补全下列程序。提示：定义枚举时可使用 typedef。

```
#include<stdio.h>
________________________________
int main()
{
    bool a=false;
    bool b=true;
    printf("a=%d, b=%d.\n", a, b);
    return 0;
}
```

（3）定义一个枚举 enum status，用于定义除法运算的 3 种状态，其包含 3 种取值：OK、INF、NAN。编写一个函数 enum status div(double a,double b)，输出 a/b 的结果，并返回计算结果状态标记。除法运算通常有 3 种可能。

① 非零数/非零数，得到正常结果：此时输出 a/b 的结果，并返回状态标记 OK。

② 非零数/0，得到无穷大：此时不输出计算结果，并返回状态标记 INF。

③ 0/0，非法计算：此时不输出计算结果，并返回状态标记 NAN。

输入两个数，调用 div()函数，进行除法运算并输出计算结果，然后根据 div()函数的返回值，输出除法运算的状态（OK、INF、NAN）。

（4）输入 a 和 b 两个 int 型变量，不使用任何中间变量，仅使用异或（^）运算，交换 a 和 b 的值并输出。补全下列程序。

```
#include<stdio.h>
int main()
{
    int a,b;
    scanf("%d%d", &a, &b);
    printf("a=%d, b=%d.\n", a, b);
    ____________________
    ____________________
    ____________________
    printf("a=%d, b=%d.\n", a, b);
}
```

（5）编写一个递归函数 void print_binary(int a)，打印出正整数 a 的二进制表示。补全程序中的位运算操作。

```
#include<stdio.h>
/* a>0 */
void print_binary(int a)
{
    if(a)
    {
        print_binary(__________);
```

```
        printf("%d",________);
    }
}
int main()
{
    int a;
    scanf("%d", &a);
    print_binary(a);
    return 0;
}
```

实验十 文 件

一、知识点

文件指驻留在外部介质（如磁盘）中的一个有序数据集，可以是源文件、目标程序文件、可执行程序，也可以是待输入的原始数据或一组输出结果。

文件指针实际上是指向一个结构体类型的指针变量，该结构体中包含缓冲区的地址、缓冲区中当前存储区的字符的位置、对文件是“读”还是“写”、是否出错、是否遇到文件结束标志等信息。该结构体类型 FILE 由系统在 stdio.h 头文件中定义。文件指针的定义形式：

```
FILE *指针变量
```

例如：

```
FILE *fp;
```

文件打开的形式：

```
fopen("文件名","文件打开方式");
```

常用文件打开方式如表 1.49 所示。

表 1.49 常用文件打开方式

方　式	含　义
“r”	只读，打开文本文件
“rb”	二进制只读，打开一个二进制文件
“w”	只写，若文件存在，则在清除原文件内容后写入；否则，在新建文件后写入
“wb”	二进制只写，若文件存在，则在清除原文件内容后写入；否则，在新建二进制文件后写入
“a”	追加只写，在文件后添加数据，若文件不存在，则打开失败
“ab”	二进制追加，在二进制文件后添加数据
“r+”	读/写，打开文本文件
“rb+”	二进制读/写，打开二进制文件
“w+”	读/写，建立新的文本文件
“wb+”	二进制读/写，建立新的二进制文件
“a+”	读/写，打开文本文件
“ab+”	二进制读/写，打开二进制文件

常用文件相关函数如表 1.50 所示。

表 1.50　常用文件相关函数

操　　作	函　　数
文件打开	形式：fopen("文件名","文件打开方式");
文件关闭	形式：fclose(文件指针);。 当一个文件使用结束后，应及时关闭该文件，以免文件被非法操作
从文件中读/写字符	fgetc()从 fp 指示的磁盘文件读出一个字符到 ch，例如，ch=fgetc(fp);。 fputc()把一个字符 ch 写到 fp 指示的磁盘文件中，例如，fputc(ch, fp);。 若写文件成功，则函数返回值为 ch；若写文件失败，则函数返回值为 EOF。 示例：while((ch=fgetc(fp1))!='\n') fputc(ch,fp2);//从指针 fp1 指向的文件中读一行字符写到指针 fp2 指向的文件中
从文件中读/写字符串	fputs()向指定的文本文件写入一个字符串，例如，fputs(s,fp);，该函数把 s 写入文件时，字符串 s 的结束符'\0'不写入文件。若函数执行成功，则函数返回所写的最后一个字符，否则函数返回 EOF。 fgets()从文本文件中读取字符串，例如，fgets(s,n,fp);。当函数被调用时，最多读取 n−1 个字符，并将读出的字符串存入指针 s，指向内存地址开始的 n−1 个连续的内存单元中。当函数读取的字符达到指定的个数，或遇到换行符、文件结束标志 EOF 时，将在读取的字符后面自动添加一个'\0'字符；若有换行符，则将换行符保留；若有 EOF，则不保留 EOF。若函数执行成功，则返回读取的字符串；否则返回空指针，此时 s 的内容不确定。
格式化方式文件读/写	fscanf()从"文件指针"指向的文件中，按"格式控制字符串"中指定的格式读取多个数据，依次放入"输入列表"列出的各项中，其调用形式为 fscanf(文件指针,格式控制字符串,输入列表);。 fprintf()将"输出列表"中各项数据按"格式控制字符串"中指定的格式写入"文件指针"指向的文件中，其调用形式为 fprintf(文件指针,格式控制字符串,输出列表);。 例如，while(fscanf(fp1,"%c",&ch)!=EOF) fprintf (fp2,"%c", ch); //将指针 fp1 指向的文件中的内容写到指针 fp2 指向的文件中
数据块方式文件读/写	fread()从二进制文件读出一个数据块到变量，调用形式：fread(buffer,size,count,fp);。 fwrite()向二进制文件写入一个数据块，调用形式：fwrite(buffer,size,count,fp);

二、实例分析

实例 1. 编写程序，在桌面建立文件"实例 1.txt"，并向其写入字符串"The first example"，结束后关闭文件。

运行示例：

```
OK!
```

1）分析

编程思路分析如表 1.51 所示。

表 1.51　编程思路分析

处理的数据		字符串
存储数据的变量及类型（含中间变量）		文件指针*f
输入		字符串"The first example"
输出		文本文档"实例 1.txt"
程序结构——顺序	步骤 1	使用 fopen()函数打开（新建）文件
	步骤 2	获取字符串并写入文件
	步骤 3	关闭文件

结束后在当前目录下检查该文件是否生成，并检查文件内容是否成功写入。

2）源程序

```
#include<stdio.h>
int main()
{
    FILE *f;
    f = fopen("实例 1.txt", "w");
    fputs("The first example\n", f);
    fclose(f);
    printf("OK!");
    return 0;
}
```

3）思考

① 本例中除了可以使用“w”方式，使用其他打开方式是否可以实现？

② 如果需要保存文件到其他路径，需如何修改？

实例 2. 编写程序，以写方式在桌面建立文件“实例 2.txt”，调用 fputc()函数输入一串字符，写入文件，结束后关闭文件。

运行示例：运行时输入“Hello World!↙”。

```
Please input some characters：Hello World!↙
OK!
```

1）分析

编程思路分析如表 1.52 所示。

表 1.52　编程思路分析

处理的数据		字符串
存储数据的变量及类型（含中间变量）		字符变量 text、文件指针*fp
输入		输入的字符
输出		文本文档“实例 2.txt”
程序结构——顺序	步骤 1	使用 fopen()函数打开（新建）文件
	步骤 2	获取字符串并写入文件
	步骤 3	关闭文件

注意：结束后在桌面目录下检查该文件是否生成，并检查文件内容是否成功写入。

2）源程序

```
#include<stdio.h>
#include<stdlib.h>
int main()
{
    char text;
    FILE *fp;
    if ((fp=fopen("实例 2.txt", "w")) = = NULL) {
        printf("打开文件失败\n");
```

```
            exit(0);
        }
        printf("Please input some characters: ");
        while ((text = getchar()) != '\n')
            fputc(text, fp);
        fclose(fp);
        printf("OK!");
        return 0;
}
```

3）思考

本例中输入字符的方式和实例 1 有何区别？

实例 3. 将实例 2 中的文档用 fgetc()函数读出，并在显示器上输出。

运行示例：

```
Hello World!
```

1）分析

编程思路分析如表 1.53 所示。

表 1.53　编程思路分析

处理的数据		文本文档、字符串
存储数据的变量及类型（含中间变量）		字符变量 text、文件指针*fp
输入		程序读取的文档内容
输出		屏幕显示：Hello World!
关键算法/关注点		使用 fgetc()函数时需找到文件尾； 需使用 putchar()函数显示读取结果
程序结构——顺序	步骤 1	使用 fopen()函数打开（新建）文件
	步骤 2	读取文本的内容并将其显示在屏幕上
	步骤 3	关闭文件

2）源程序

```
#include<stdio.h>
int main()
{
    char text;
    FILE *fp;
    if ((fp = fopen("实例 2.txt", "r")) = = NULL) {
        printf("打开失败！ ");
        return;
    }
    while ((text = fgetc(fp)) != EOF) {
        putchar(text);
    }
    fclose(fp);
    return 0;
}
```

3）思考

能否只定义 fp = fopen(“实例 2.txt”, “r”)，并删除 if 判断语句？删除后会有什么影响？

实例 4. 从键盘输入 5 个学生的考试成绩，并将它们转存到磁盘文件中。

运行示例，运行时输入“小李 001 90↙小段 002 100↙小张 003 88↙小朱 004 97↙小郑 005 89↙”。

```
请输入学生的姓名、学号、成绩:
小李 001 90↙
小段 002 100↙
小张 003 88↙
小朱 004 97↙
小郑 005 89↙
```

1）分析

编程思路分析如表 1.54 所示。

表 1.54　编程思路分析

处理的数据		学生姓名、学号、成绩
存储数据的变量及类型（含中间变量）		结构体变量 Score、整型变量 num、整型变量 score、字符数组 name、文件指针*fp
输入		学生姓名、学号、成绩
输出		.dat 文档文件
关键算法/关注点		利用结构体数组存放学生数据，并使用 save()函数实现向磁盘输出学生数据
程序结构——顺序	步骤 1	使用 fopen()函数打开（新建）文件
	步骤 2	输入学生信息，存放在结构体数组中，并保存到本地磁盘
	步骤 3	关闭文件

2）源程序

```
#include<stdio.h>
#define STUDENT 5
struct Score{
    int num;
    int score;
    char name[5];
}stud[STUDENT];
void save()
{
    FILE *fp;
    int i;
    if ((fp = fopen("student.txt", "w")) = = NULL) {
        printf("Failed to open!");
        return;
    }
    for (i = 0; i < STUDENT; i++)
```

```
            if (fwrite(&stud[i], sizeof(struct Score), 1, fp) != 1)
                printf("Failed to write!");
        fclose(fp);
    }
    int main()
    {
        int j;
        printf("请输入学生的姓名、学号、成绩：\n");
        for (j = 0; j < STUDENT; j++)
            scanf("%s%d%d", stud[j].name, &stud[j].num, &stud[j].score);
        save();
        return 0;
    }
```

3）思考

① 能否不使用结构体来存放学生成绩？此处使用结构体数组有何优势？

② save()函数中 for 循环下面的 if 判断有何作用？

三、实验内容

（1）编写程序，以写方式在桌面建立文件“实验 1.txt”，并写入“Hello World!”，结束后关闭文件。

提示：仿照实例 1，填写下列程序。

```
#include<stdio.h>
int main() {
    FILE *f;
    f = fopen(____________);          //输入路径以及文件打开方式
    ____________________;            //写入函数以及写入内容
    ____________________;            //关闭文件
    printf("successful\n");
    getchar();
    return 0;
}
```

（2）编写程序，以写方式在桌面建立文件“实验 2.txt”，利用 fputc()函数向文件写入“Say something !”，结束后关闭文件。

提示：仿照实例 2，填写表 1.55，编写程序。

表 1.55　编程思路分析

处理的数据		
存储数据的变量及类型（含中间变量）		
输入		
输出		
程序结构——顺序	步骤 1	
	步骤 2	
	步骤 3	

（3）在系统默认目录下新建文本文件“实验 3.txt”，输入“The price of the shirt is nine pounds and fifteen pence”，并保存。编写程序，将文件内容在显示器上输出。

提示：仿照实例 3，填写表 1.56，编写程序。

表 1.56　编程思路分析

处理的数据		
存储数据的变量及类型（含中间变量）		
输入		
输出		
程序结构——顺序	步骤 1	
	步骤 2	
	步骤 3	

（4）编写程序，从实验 1 新建的文本文件“实验 1.txt”中读取字符，将其中的小写字母转换为大写字母，然后存放在当前目录的文件“Capt.txt”中。

（5）在系统默认目录下新建文本文件“实验 4.txt”，随机写入若干字符。编写程序，统计并输出其中大写字母、小写字母、数字、空格、换行，以及其他字符的个数。

（6）编写程序，从键盘输入一串字符，保存到当前目录的文件“实验 5.txt”中。当用户输入字符“#”时，结束输入并保存。

（7）编写程序，将两个文本文件的内容合并。要求在当前目录新建两个文本文件，输入内容，分别命名为“file_1”和“file_2”，然后将“file_1”的内容合并到“file_2”中。

（8）编写程序，将学生的信息读入 in.txt 文件。学生的信息结构体及初始化已给出，完成存储函数部分，要求：

① 存储成功后输出成功；

② 若文件中有内容，则清空后再读入。

```
#include <stdio.h>
#include <string.h>
struct Student
{
    int num;
    char name[100];
    float score[3];
};
struct Student stu[]={{1, "小周", 80, 85, 75},
{2, "小李", 60, 58, 56},
{3, "小朱", 70, 72, 78},
{4, "小方", 98, 100, 96},
{5, "小何", 66, 82, 62}};
void save(int);
void show(int);
int main()
{   int n = 5;
    show(n);
```

```
        save(n);
        return 0;
    }
    void show(int n)
    {
        printf("学号      姓名   C 语言   高等数学   大学英语\n");
        printf("------------------------------------------------------------\n");
        for(int i=0; i < n; i++)
        {
            printf("%d\t%s\t%.0f\t%.0f\t%.0f\t",stu[i].num,stu[i].name,stu[i].score[0],stu[i].score[1],
            stu[i].score[2]);
            printf("\n");
        }
    }
    void save(int n)
    {
    }
```

综合实验 简单动画制作、学生信息管理系统*

一、简单动画制作

光标控制、对象移动、发声的参考源代码如下，在此基础上创作一个简单动画。

```
#include <stdio.h>
#include <stdlib.h>
#include <conio.h>
#include <windows.h>
#include <dos.h>

struct move_point {
    int x, y;     //该点的位置(x、y 坐标)
    int xv,yv;   //该点在 x 轴、y 轴的速度
}man;

void gotoxy(int x, int y)   //坐标定位到(x,y)
{
    int xx=0x0b;
    HANDLE hOutput;
    COORD loc;
    loc.X=x;
    loc.Y=y;
    hOutput = GetStdHandle(STD_OUTPUT_HANDLE);
    SetConsoleCursorPosition(hOutput, loc);
```

```
        return;
    }

    int main()
    {
        char key;
        man.x=man.y=0;
        while(!kbhit()){          //检测用户键盘按键
            if((key=getch())= =27)   break;        //按 Esc 键退出
            switch(key){          //按键盘上 a、d、w、s 键控制光标上、下、左、右移动
                case 'a':       gotoxy(− −man.x,man.y); break;
                case 'd':       gotoxy(++man.x,man.y); break;
                case 'w':       gotoxy(man.x,− −man.y); break;
                case 's':       gotoxy(man.x,++man.y); break;
            }
        }

        man.x=man.y=0;        //移动的笑脸
        man.xv=man.yv=1;
        for(; man.x<80; man.x+=man.xv,man.y+=man.yv ){   //水平方向按 x 轴的速度运动
            system("cls");
            gotoxy(man.x, man.y);
            printf(" ");
            printf("%c\n", 2);//笑脸字符 ASCII 码值为 2
        }
        getch();

        Beep(733,450); //音乐参数 1：440 do，495 re，550 mi，587 fa，660 so，733 la，825 si
        Sleep(600);
        Beep(660,150); //参数 2：600 1 拍，450 附点音符，300 1/2 拍，150 1/4 拍
        Beep(550,300);
        Beep(495,300);
        Beep(440,450);
        return 0;
    }
```

二、学生信息管理系统

设计一个简单的学生信息管理系统，具备输入、查询、修改、增加、删除、输出等功能。学生信息包括：学号，姓名，性别，语文、数学、外语、物理、化学、生物、地理课程的成绩，总成绩，名次。

要求将学生的相关信息写入文件，有功能选择菜单界面，总分和名次通过计算得到，输入、查询、修改、增加、删除、输出等功能各用一个函数实现。可以按学号、姓名、总成绩、名次进行查询、修改，可以按学号或名次输出学生信息。学生信息可定义为结构体。

第二章　实验参考解析

实验一　上机环境简介

略。

实验二　程序设计——顺序结构

（4）提示：注意输出格式说明符的使用。

```
#include <stdio.h>
int main()
{
    int x;
    printf("Input data：");
    scanf ("%d", &x);
    printf("x = 0%o \n", x);
    printf("x = 0x%x \n", x);
    return 0;
}
```

（5）

```
#include <stdio.h>
int main()
{
    double a, b, sum, diff, prod, quot;
    printf("Input data：a b \n");
    scanf("%lf %lf", &a, &b);
    sum=a+b;
    diff=a-b;
    prod=a*b;
    quot=a/b;
    printf("sum =%.2f, difference=%.2f, product=%.2f, quotient=%.2f \n", sum, diff, prod, quot);
    return 0;
}
```

（6）提示：参考字母在 ASCII 码表中的位置。

```
#include <stdio.h>
```

```
int main()
{
    char a;
    printf("Input a lowercase letter：");
    scanf ("%c", &a);
    printf ("capital letter：%c \n", a-('a'-'A') );
    return 0;
}
```

（7）提示：使用算术运算符%和/。

```
#include <stdio.h>
int main()
{
    int x, a, b, c, sum1;
    printf("Input data：");
    scanf ("%d", &x);
    a=x%10;
    b=x/10%10;
    c=x/100;
    sum1=a*a*a+b*b*b+c*c*c;
    printf ("sum1 = %d \n", sum1);
    return 0;
}
```

（8）

```
#include <stdio.h>
#include <math.h>
int main()
{
    double y;
    printf("Input data：");
    scanf ("%lf", &y);
    printf ("square root：%f \n", sqrt(y));
    return 0;
}
```

（9）

```
#include <stdio.h>
int main()
{
    int chi, mat, eng, phy, sum, ave;
    printf("Input data：Chinese, Maths, English, and Physics\n");
    scanf("%d %d %d %d ", &chi, &mat, &eng, &phy );
    sum= chi+ mat+ eng+ phy;
    ave=sum/4;
    printf("sum=%d, ave=%d \n", sum, ave);
```

```
        return 0;
    }
```

实验三 程序设计——分支结构

（4）

```
#include <stdio.h>
#include <math.h>
int main()
{
    double x,y;
    printf("Enter x=");
    scanf("%lf", &x);
    if(x>=1&&x<2)
            y =sqrt(x) +log(x);
    else
        if(x>=2 && x<3)
                y =x*x+exp(x);
        else
            if(x>=3 && x<4)
                y=log10(x);
            else
                y=1+x+x*x ;
     printf("x=%f，y=%f\n",x,y);
     return 0;
}
```

（6）

```
#include <stdio.h>
int main()
{
    char a1, a2;
    a1=getchar();
    if(a1>='a' && a1<='z')
        a2=a1+'a'-'A';
    printf("%c,%d\n", a2, a2);
    return 0;
}
```

（7）提示：若 a 为 0，则不是一元二次方程。根据 b^2-4ac 判断并计算一元二次方程的实根或虚根。

```
#include <stdio.h>
#include <math.h>
int main()
```

```
{
    double   a, b, c, x1, x2, delta, real, imag;
    printf("Enter a, b, c：\n");
    scanf("%lf%lf%lf", &a, &b, &c);
    if (a= =0)
            printf("It's not quadratic equation! \n");
    else
    {       delta=b*b−4*a*c;
            if (dalt>=0)
            {
                    x1=(−b+sqrt(delta))/(2*a);
                    x2=(−b−sqrt(delta))/(2*a);
                    printf("x1=%.2lf \n", x1);
                    printf("x2=%.2lf \n", x2);
             }
            else
            {
                    real=−b/(2*a);
                    imag=sqrt(−delta)/(2*a);
                    printf("x1=%.2f %+.2f i \n", real, imag);
                    printf("x2=%.2f %+.2f i \n", real, −imag);
             }
        }
    return 0;
}
```

（8）

```
#include <stdio.h>
int main()
{
    int   m;
    printf("Enter math score:\n");
    scanf("%d", &m);
    switch(m/10) {
        case  0：
        case  1：
        case  2：
        case  3：
        case  4：
        case  5：  printf("Fail \n");
                   break;
        case  6：
        case  7：  printf("Pass \n");
                   break;
        case  8：  printf("Good \n");
```

```
                    break;
            case  9:
            case  10: printf("Excellent \n");
                    break;
            default:  printf("error! \n");
        }
        return 0;
    }
```

（9）提示：注意 2 月的天数。闰年的判断条件，能被 4 整除且不能被 100 整除，或能被 400 整除。

实验四　程序设计——循环结构

（1）

```
#include <stdio.h>
#include <math.h>
int main()
{
    int x, y, d;
    int i = 0;
    printf("请输入分解的正整数：");
    scanf("%d", &x);
    y = x;
    do
    {
        i++;
        x /= 10;
    }while(x > 0);
    i = pow(10, i-1);           //通过位数 i 得到新的除数 i，如 4 位数得到 i=1000
    while(i > 0)
    {
        d = y / i;              //得到当前第 1 位数字
        printf("%d\t", d);      //输出当前第 1 位数字
        y %= i;                 //除去当前的 1 位数字
        i /= 10;                //除数 i 更新
    }
    printf("\n");
    return 0;
}
```

（2）表格填写如表 2.1 所示。

表 2.1　编程思路分析

<table>
<tr><td colspan="3">处理的数据</td><td>数 n，整数；总和 sum，浮点数</td></tr>
<tr><td colspan="3">存储数据的变量及类型（含中间变量）</td><td>int n, flag; double a, b, sum</td></tr>
<tr><td colspan="3">输入</td><td>正整数 n</td></tr>
<tr><td colspan="3">输出</td><td>总和 sum</td></tr>
<tr><td colspan="3">关键算法/关注点</td><td>循环嵌套，外层循环相加数字，内层循环求每位数字中包含的阶乘</td></tr>
<tr><td rowspan="9">程序结构——循环</td><td colspan="2">变量初值</td><td>sum = 0; flag = −1; i = 1</td></tr>
<tr><td colspan="2">循环条件</td><td>i <= n</td></tr>
<tr><td colspan="2">需要反复执行的操作 1</td><td>a = 1; b = 2*i–1; flag = − flag</td></tr>
<tr><td rowspan="4">嵌套循环</td><td>变量初值</td><td>j = 1</td></tr>
<tr><td>循环条件</td><td>j <= i</td></tr>
<tr><td>操作</td><td>a *= j</td></tr>
<tr><td>计数</td><td>j++</td></tr>
<tr><td colspan="2">需要反复执行的操作 2</td><td>sum += (a * flag) / b</td></tr>
<tr><td colspan="2">计数/增减量</td><td>i++</td></tr>
</table>

源程序：

```
#include <stdio.h>
int main()
{
    int n, flag = −1, i, j;
    double a, b, sum = 0;
    printf("请输入正整数:");
    scanf("%d", &n);
    for(i = 1; i <= n; i++)
    {   a = 1;
        b = 2 * i −1;
        flag = − flag;
        for(j = 1; j <= i; j++)
            a *= j;
        sum += (a * flag) / b;
    }
    printf("总和为%.3f\n",sum);
    return 0;
}
```

（3）表格填写如表 2.2 所示。

表 2.2　编程思路分析

处理的数据	每行的“*”和“ ”
存储数据的变量及类型（含中间变量）	int i, j, x, y
输入	菱形的行数和列数

（续表）

<table>
<tr><td colspan="5">输出</td><td>菱形图案（“*” 和“ ”）</td></tr>
<tr><td colspan="5">关键算法/关注点</td><td>for 循环的运用，对图形不同部分的条件判断</td></tr>
<tr><td rowspan="11">程序结构——循环</td><td colspan="4">变量初值</td><td>y =x; i = 1</td></tr>
<tr><td colspan="4">循环条件</td><td>i <= (x + 1) / 2</td></tr>
<tr><td colspan="4">需要反复执行的操作</td><td>见嵌套循环</td></tr>
<tr><td rowspan="7">嵌套循环</td><td colspan="3">变量初值</td><td>j = 1</td></tr>
<tr><td colspan="3">循环条件</td><td>j <= y</td></tr>
<tr><td rowspan="4">需要反复执行的操作</td><td rowspan="2">分支 1</td><td>条件</td><td>j >= (y + 1) / 2 − (i − 1) && j <= (y + 1) / 2 + (i − 1)</td></tr>
<tr><td>操作</td><td>printf("*")</td></tr>
<tr><td rowspan="2">分支 2</td><td>条件</td><td>j < (y + 1) / 2 − (i − 1) || j > (y + 1) / 2 + (i − 1)</td></tr>
<tr><td>操作</td><td>printf(" ")</td></tr>
<tr><td colspan="3">计数</td><td>j++</td></tr>
<tr><td colspan="4">计数/增减量</td><td>i++</td></tr>
</table>

源程序：

```
#include <stdio.h>
#include <stdlib.h>
int main()
{
    int x, y;
    int i, j;
    printf("输入菱形的行数和列数(必须是奇数):");
    scanf("%d", &x);
    y = x;
    for(i = 1; i <= (x + 1) /2; i++)
    {
        for(j = 1; j <= y; j++)
        {
            if(j >= (y + 1) / 2 − (i − 1) && j <= (y + 1) / 2 + (i − 1))
                printf("*");
            else
                printf(" ");
        }
        printf("\n");
    }
    for(; i <= x; i++)
    {
        for(j = 1; j <= y; j++)
        {
         if(j >= (y + 1) / 2 − (x − i) && j <= (y + 1) / 2 + (x − i))
             printf("*");
         else
```

```
                    printf(" ");
                }
                printf("\n");
            }
            return 0;
        }
```

（5）提示：循环次数为 *n*。

（6）

```
#include <stdio.h>
#include <math.h>
int main()
{
    int a, sum, num = 0, i, j;
    printf("请输入正整数：\n");
    scanf("%d", &a);
    printf("完美数：\n");
    for(i = 1; i <= a; i++)
    {
        for(j = 1, sum =0; j < i; j++)
            if(i % j = = 0)
                sum += j;
        if(sum = = i)
        {
            printf("%d\t", i);
            num++;
        }
    }
    printf("\n 数量为%d\n", num);
    return 0;
}
```

（7）

```
#include <stdio.h>
int main()
{
    int a, b, c, x, n, i;
    printf("请输入 3 位正整数 x:");
    scanf("%d", &x);
    for(i = 100; i <= x; i++ )
    {
        a = i / 100;
        b = (i – a * 100) / 10;
        c = i % 10;
        if(i = = a * a * a + b * b * b + c * c * c || i % 3 = = 0)
```

```
                continue;
            n++;
            printf("%d\t", i);
            if(n % 10 = = 0)
                printf("\n");
        }
        printf("\n");
        return 0;
    }
```

（8）提示：生成一个范围内的随机整数需用到 time 库和 stdlib 库。使用 srand(time(0))、rand ()、%。

```
#include <stdio.h>
#include <time.h>
#include <stdlib.h>
int main()
{
    int x, flag = 0, i, NUMBER;
    srand(time(0));
    NUMBER = rand() % 100 + 1;
    printf("随机数已生成");
    for(i = 1; i <= 10; i++)
    {       printf("\n 请输入数字：");
        scanf("%d", &x);
        if(x < NUMBER)
            printf("太小了");
        if(x > NUMBER)
            printf("太大了");
        if(x == NUMBER)
        {
            flag = 1;
            break;
        }
    }
    if(flag)
        printf("\n 猜对了，你一共猜了%d 次\n", i);
    else
        printf("\n 可惜了，%d 次你都没有猜对，数字为%d\n", i-1, NUMBER);
    return 0;
}
```

（9）

```
#include <stdio.h>
int main()
{
```

```
    int a, b, c, d, e, f, x, flag = 0;
    printf("请输入需组合的整数：");
    scanf("%d", &x);
    printf("请输入用于组合的 3 个整数(从小到大,空格分开,回车结束)：");
    scanf("%d%d%d", &d, &e, &f);
    for(a = 1; a < x / d; a++)
    {
        for(b = 1; b < x / e; b++)
        {
            for(c = 1; c< x / f; c++)
            {
                if(a * d + b * e + c * f = = x)
                {
                    flag = 1;
                    printf("%d*%d+%d*%d+%d*%d = %d\n", a, d, b, e, c, f, x);
                }

            }
        }
    }
    if (!flag)
        printf("无组合\n");
    return 0;
}
```

（10）提示：使用 break。

```
#include <stdio.h>
int main()
{
    int a, b, c, d, e, f, x, flag = 0;
    printf("请输入需组合的整数：");
    scanf("%d", &x);
    printf("请输入用于组合的 3 个整数(从小到大,空格分开,回车结束)：");
    scanf("%d%d%d", &d, &e, &f);
    for(a = 1; a < x / d; a++)
    {
        for(b = 1; b < x / e; b++)
        {
            for(c = 1; c< x / f; c++)
            {
                if(a * d + b * e + c * f = = x)
                {
                    flag = 1;
```

```
                            printf("%d*%d+%d*%d+%d*%d = %d\n", a, d, b, e, c, f, x);
                            break;
                        }
                    }
                    if(flag)
                        break;
                }
                if(flag)
                    break;
            }
            if (!flag)
                printf("无组合\n");
            return 0;
        }
```

（11）

```
#include <stdio.h>
#include <time.h>
#include <stdlib.h>
int main()
{
    int i, a, m = 100, M = 0;
    double sum = 0;
    srand(time(0));
    for (i = 1; i <= 30; i++)
    {
        a = rand() % 51 + 50;
        printf("%4d", a);
        sum += a;
        if(a <= m)
            m = a;
        if(a >=M)
            M = a;
        if(i % 6 = = 0)
            printf("\n");
    }
    printf("最高分为%d,最低分为%d,平均分为%.2f\n", M, m, sum/30);
    return 0;
}
```

（12）提示：闰年的判断条件，能被 4 整除且不能被 100 整除，或能被 400 整除。

实验五　函数的定义与调用

（1）

```
#include <stdio.h>
#include <math.h>                                    //调用数学函数库
int main()
{
    double x;
    printf("输入一个正数 x：");
    scanf("%lf", &x);
    if (x <= 0)
        printf("格式错误,重新输入\n");
    else
    {
        printf("tan(x) = %.3f\n", tan(x));           //输出 tan(x)
        printf("x^3 = %.3f\n", pow(x, 3));           //输出 x^3
        printf("e^x = %.3f\n", exp(x));              //输出 e^x
        printf("ln(x) = %.3f\n", log(x));            //输出 ln(x)
        printf("lg(x) = %.3f\n", log10(x));          //输出 lg(x)
    }
    return 0;
}
```

（2）提示：表格填写如表 2.3 所示。

表 2.3　编程思路分析

<table>
<tr><td colspan="2">处理的数据</td><td>3 条边的边长、面积，实数</td></tr>
<tr><td colspan="2">存储数据的变量及类型（含中间变量）</td><td>float a, b, c, s, area</td></tr>
<tr><td colspan="2">输入</td><td>边长 a, b, c</td></tr>
<tr><td colspan="2">输出</td><td>三角形面积 s</td></tr>
<tr><td colspan="2">关键算法/关注点</td><td>函数定义、声明、调用；判断边长是否合理</td></tr>
<tr><td rowspan="2">主调函数</td><td>函数名</td><td>main()函数</td></tr>
<tr><td>需要传递给被调函数的实参</td><td>a, b, c</td></tr>
<tr><td rowspan="4">被调函数</td><td>功能</td><td>输出三角形的面积；若无法构成三角形，则输出“无法构成”</td></tr>
<tr><td>函数名</td><td>area()</td></tr>
<tr><td>形参及类型</td><td>float a, b, c</td></tr>
<tr><td>返回值</td><td>void</td></tr>
</table>

（3）表格填写如表 2.4 所示。

表 2.4　编程思路分析

<table>
<tr><td colspan="2">处理的数据</td><td>输入两个整数</td></tr>
<tr><td colspan="2">存储数据的变量及类型（含中间变量）</td><td>int x, y</td></tr>
<tr><td colspan="2">输入</td><td>x, y</td></tr>
<tr><td colspan="2">输出</td><td>x 与 y 的和，x 与 y 的差</td></tr>
<tr><td colspan="2">关键算法/关注点</td><td>求和函数与求差函数的编写与调用</td></tr>
<tr><td rowspan="2">主调函数</td><td>函数名</td><td>main()</td></tr>
<tr><td>需要传递给被调函数的实参</td><td>x, y</td></tr>
<tr><td rowspan="4">被调函数</td><td>功能</td><td>求两个数的和</td></tr>
<tr><td>函数名</td><td>sum()</td></tr>
<tr><td>形参及类型</td><td>int a, b</td></tr>
<tr><td>返回值</td><td>两个数的和</td></tr>
<tr><td rowspan="4">被调函数</td><td>功能</td><td>求两个数的差</td></tr>
<tr><td>函数名</td><td>sub()</td></tr>
<tr><td>形参及类型</td><td>int a, b</td></tr>
<tr><td>返回值</td><td>两个数的差值</td></tr>
</table>

源程序：

```
#include <stdio.h>
int sum(int a,int b)
{
    int c;
    c=a+b;
    return c;
}
int sub(int a,int b)
{
    int c;
    if(a>b)
        c=a-b;
    else
        c=b-a;
    return c;
}
int main()
{
    int x,y,z,m;
    scanf("%d %d", &x, &y);
    z = sum(x,y);
    m = sub(x,y);
    printf("两个数的和为：%d\n",z);
    printf("两个数的差为：%d\n",m);
    return 0;
}
```

（4）

```
#include <stdio.h>
int main()
{
    int fac(int);
    int n,k,c;
    printf("请输入(n,k):");
    scanf("%d %d", &n, &k);
    c = fac(n)/(fac(k)*fac(n-k));
    printf("c(%d,%d)=%d", n, k, c);
    return 0;
}
int fac(int a)
{
    int i,b=1;
    for(i=1;i<=a;i++)
        b=b*i;
    return b;
}
```

（5）

```
#include <stdio.h>
int max_n()
{
    int i=1,a=0,n=0;
    while(a<1000)
    {
        i=i*2;
        a=a+i;
        n++;
    }
    return n-1;
}
int main()
{
    printf("最大的 n 值为：%d\n", max_n());
    return 0;
}
```

（6）

```
#include<stdio.h>
int gcd(int m,int n)
{
    int g;
    g = m%n;
```

```
        if(g = = 0)
            return n;
        else
            return gcd(n, g);
    }
    int lcm(int m,int n)
    {
        return (m*n)/gcd(m,n);
    }
    int main()
    {
        int a,b;
        printf("输入整数 x,y:");
        scanf("%d%d", &a, &b);
        printf("最大公约数%d\n", gcd(a,b));
        printf("最小公倍数%d\n", lcm(a,b));
        return 0;
    }
```

（7）

```
    #include<stdio.h>
    void py(int);
    int main()
    {
        int x;
        printf("请输入 10 以内的正整数:");
        scanf("%d", &x);
        py(x);
        return 0;
    }
    void py(int x)
    {
        int i,j,k;
        for(int i = 1; i <= x; i++)
        {
            for(int j = 1; j <= x−i; j++)
                printf(" ");
            for(int k = 1; k <= i; k++)
                printf("%d ", i);
            printf("\n");
        }
    }
```

（8）

```
    #include<stdio.h>
```

```
int main()
{
    int fibonacci(int n);
    int i,a;
    scanf("%d",&a);
    for(i=1;i<=a;i++)
        printf("%ld\n", fibonacci(i));
    return 0;
}
int fibonacci(int n)
{
    if (n= =1||n= =2)
        return 1;
    else
        return fibonacci(n−1)+fibonacci(n−2);
}
```

思考：

```
#include<stdio.h>
int main()
{
    int fibonacci(int n);
    int a;
    scanf("%d", &a);
    fibonacci(a);
    return 0;
}
int fibonacci(int n)
{
    int f1, f2;
    int i;
    f1=1;
    f2=1;
    for(i=1; i<=n; i++)
    {
        printf("%8d %8d", f1, f2);
        f1=f1+f2;
        f2=f2+f1;
    }
}
```

（9）

```
#include <stdio.h>
int main()
{
```

```
    int a, b, c;
    void sequence(int, int, int);
    printf("请输入 3 个学生的成绩:");
    scanf("%d%d%d", &a, &b, &c);
    sequence(a, b, c);
    return 0;
}
void sequence(int a, int b, int c)
{
    int m = a，M = a;
    if(b <= m)
        m = b;
    if(c <= m)
        m = c;
    if(b >= M)
        M = b;
    if(c >= M)
        M = c;
    printf("成绩降序排列为%3d%3d%3d\n", M, a + b + c − m − M, m);
}
```

实验六　数组的使用

（1）

```
#include <stdio.h>
#include <math.h>
#define N 50
int main( )
{
    int i, k, j=0, a[N];
    for (k = 2; k < =50; k++) {
        for(i=2; i<=sqrt(k); i++)
            if(k%i= =0)    break;
        if (i>sqrt(k)){
            a[j] = k;
            j++;
        }
    }
    for (k = 0; k<j; k++)
        printf("%d ", a[k]);
    return 0;
}
```

（2）

```
#include <stdio.h>
#define M 5
#define N 6
int main()
{    double a[M][N], temp;
     int i, j;
     printf("Enter a %d*%d matrix:\n", M, N);
     for (i=0; i<M; i++)
         for (j=0; j<N; j++)
             scanf("%lf", &a[i][j]);
     for (i=0; i<M; i++)
             for (j=0; j<N; j++)
             sum=sum+a[i][j];
     printf("sum=%8.2f", sum);
     return 0;
}
```

（3）

```
#include <stdio.h>
int main()
{
        char str[81];
        int i, count;
        count=0;
        printf("Enter a string：\n");
        gets(str);
        for (i=0; str[i]!='\0'; i++)
            if (str[i]>='a' && str[i]<='z')
                str[i]=str[i]-('a'-'A');
        puts(str);
        return 0;
}
```

（6）

```
#include <stdio.h>
#define M 6
#define N 8
int main()
{
     double   a[M][N], max, sum=0, min;
     int   i, j, maxi=0, maxj=0;
     for (i=0; i<M; i++)
          for (j=0; j<N; j++)
               scanf("%lf", &a[i][j]);
```

```
        max=a[0][0];
        for (i=0; i<M; i++)
                for (j=0; j<N; j++)
                    if ( max<a[i][j] )
                    {     max=a[i][j];
                          maxi=i;
                          maxj=j;
                    }
        printf("最大值 a[%d][%d]=%f    sum=%f \n", maxi, maxj, a[maxi][maxj], sum);
        for (i=0; i<M; i++) {
                mini=i;
                minj=0;
                for (j=0; j<N; j++)
                       if (a[mini][minj] > a[i][j])
                       {     mini=i;
                             minj=j;
                       }
                printf("第%d 行最小元素 a[%d][%d]=%f \n",i,mini,minj,a[mini][minj]);
           }
           for (i=0; i<M; i++){
                   sum=0;
                   for (j=0; j<N; j++)
                         sum+=a[i][j];
                   printf("第 %d  行元素和  sum=%f \n",i,sum);
           }
   return 0;
   }
```

（7）

```
#include <stdio.h>
#define N 20
int main()
{
      int i, j, k;
      int a[N], t;
      printf("Input    %d    numbers：\n", N);
      for (i=0; i<N; i++)
            scanf("%d", &a[i]);
      for (i=0; i<N−1; i+=2){
            k=i;
            for (j=i+2; j<N; j+=2)
                  if (a[k]<a[j])    k=j;
            t=a[k];
            a[k]=a[i];
            a[i]=t;
```

```
    }
    printf("The sorted numbers are: \n");
for (i=0; i<N; i++)
    printf("%d", a[i]);
    return 0;
}
```

（8）提示：逐一比较字符串中每个字符及其后两个字符是否组成定冠词 the。

（9）提示：十进制数向其他进制数转换，可采用除基数取余法。其他进制数向十进制数转换，可采用位权展开法。当转换为十六进制数时，需要用字符串表示。

实验七　指　　针

（1）

```
#include <stdio.h>
void print_rev_str(char *s)
{
    char *p = s;
    while(*p)
        p++;
    while(p > s)
        printf("%c", *(− −p));
}
int main()
{
    print_rev_str("CJLU");
}
```

（2）

```
#include <stdio.h>
void print_rev_str(char *s)
{
    if(*s = = '\0')
        return;
    print_rev_str(s + 1);
    printf("%c", *s);
}
int main()
{
    print_rev_str("CJLU");
}
```

（3）

```
#include <stdio.h>
int find_char(const char *str, const char ch)
```

```
{
	const char *p;
	for(p = str; *p; p++)
	{
		if(*p == ch)
			return p - str;
	}
	return -1;
}
int main()
{
	char str[100], ch;
	printf("Input str:\n");
	gets(str);
	printf("Input ch:\n");
	ch = getchar();
	printf("position = %d\n", find_char(str, ch));
	return 0;
}
```

（4）

```
#include <stdio.h>
int find_str(const char *str1, const char *str2)
{
	const char *p1, *p2, *p3;
	for(p1 = str1; *p1; p1++)
	{
		for(p3 = p1, p2 = str2; *p2 && *p3 && *p2 == *p3; p2++, p3++)
		if(*p2 = = '\0')
			return p1 - str1;
	}
	return -1;
}
int main()
{
	char str1[100], str2[100];
	printf("Input str1:\n");
	gets(str1);
	printf("Input str2:\n");
	gets(str2);
	printf("position = %d\n", find_str(str1, str2));
	return 0;
}
```

（5）

```
#include<stdio.h>
#define N 3
void input(int (*p)[N])
{
    int i, j;
    for(i = 0; i < N; i++, p++)
        for(j = 0; j < N; j++)
            scanf("%d", *p + j);
}
void transpose(int (*p)[N])
{
    int i, j, t;
    for(i = 0; i < N; i++)
    {
        for(j = 0; j < N; j++)
            if(i < j)
            {
                t = *(*(p + i) + j);
                *(*(p + i) + j) = *(*(p + j) + i);
                *(*(p + j) + i) = t;
            }
    }
}
void print(int (*p)[N])
{
    int i, j;
    for(i = 0; i < N; i++, p++)
    {
        for(j = 0; j < N; j++)
            printf("%5d", *(*p + j));
        printf("\n");
    }
}
int main()
{
    int a[N][N];
    printf("Input a %d*%d matrix\n", N, N);
    input(a);
    transpose(a);
    printf("After transposing\n");
    print(a);
    return 0;
}
```

（6）

```
#include <stdio.h>
#define M 4
#define N 3
void input_score(int (*p)[N])
{
    int i, j;
    for (i = 0; i < M; i++, p++)
        for (j = 0; j < N; j++)
            scanf("%d", *p + j);
}
void calculate_avg_score(int (*p)[N], double *avg_score)
{
    int i, j;
    for (i = 0; i < M; i++, p++, avg_score++)
    {
        *avg_score = 0;
        for (j = 0; j < N; j++)
            *avg_score += *(*p + j);
        *avg_score /= N;
    }
}
void print_avg_score(double *avg_score)
{
    int i;
    for (i = 0; i < M; i++, avg_score++)
        printf("student %d：avrage score：%.2lf\n", i + 1, *avg_score);
}
int main()
{
    int score[M][N];
    double avg_score[M];
    printf("Input score:\n");
    input_score(score);
    calculate_avg_score(score, avg_score);
    print_avg_score(avg_score);
    return 0;
}
```

实验八　结　构　体

（1）

```
#include <stdio.h>
```

```
#include <math.h>
struct Point
{
    double x;
    double y;
};
void input_point(struct Point *p)
{
    scanf("%lf%lf", &(p->x), &(p->y));
}
double dist(struct Point a, struct Point b)
{
    return sqrt((a.x - b.x) * (a.x - b.x) + (a.y - b.y) * (a.y - b.y));
}
int main()
{
    struct Point a, b;
    printf("Input two points:\n");
    input_point(&a);
    input_point(&b);
    printf("distance=%lf\n", dist(a, b));
    return 0;
}
```

（2）

```
#include <stdio.h>
struct Complex
{
    double real;
    double imaginary;
};
void print_complex(struct Complex x)
{
    printf("%.4lf%s%.4lfi", x.real, x.imaginary < 0 ? "":  "+", x.imaginary);
}
struct Complex complex_sub(struct Complex x, struct Complex y)
{
    struct Complex z = {x.real - y.real, x.imaginary - y.imaginary};
    return z;
}
int main()
{
    struct Complex x = {2.0, 5.0}, y = {3.0, 7.0};
    printf("x=");
    print_complex(x);
```

```
        printf("\ny=");
        print_complex(y);
        printf("\nx-y=");
        print_complex(complex_sub(x, y));
        printf("\n");
        return 0;
}
```

（3）

```
#include <stdio.h>
#include <math.h>
struct Triangle
{
    double a, b, c;
};
double area(struct Triangle t)
{
    double p = (t.a + t.b + t.c) / 2.0;
    return sqrt(p * (p - t.a) * (p - t.b) * (p - t.c));
}
int main()
{
    struct Triangle triangles[3];
    int i;
    for(i = 0; i < 3; i++)
    {
        triangles[i].a = 2 * i + 2;
        triangles[i].b = i + 1;
        triangles[i].c = i + 2;
    }
    for(i = 0; i < 3; i++)
        printf("Area %.4lf\n", area(triangles[i]));
    return 0;
}
```

实验九　共用体、枚举和位运算*

（1）

```
#include<stdio.h>
int main()
{
    union
    {
```

```
        int a;
        char b;
    } data;
    data.a = 1;
    if(data.b = = 1)
        printf("little-endian\n");
    else
        printf("big-endian\n");
    return 0;
}
```

（2）

```
#include<stdio.h>
typedef enum {false, true} bool;
int main()
{
    bool a=false;
    bool b=true;
    printf("a=%d, b=%d.\n", a, b);
    return 0;
}
```

（3）

```
#include<stdio.h>
#include<math.h>
enum status{OK, INF, NAN};
enum status div(double a,double b)
{
    if(fabs(b)<1e-6)
    {
        if(fabs(a)<1e-6)
          return NAN;
        else
          return INF;
    }
    printf("%lf/%lf=%lf\n",a,b,a/b);
    return OK;
}
int main()
{
    double a, b;
    enum status result;
    scanf("%lf%lf",&a,&b);
    result=div(a, b);
    switch(result)
```

```
    {
        case OK:
            printf("OK.\n");
            break;
        case INF:
            printf("INF.\n");
            break;
        case NAN:
            printf("NAN.\n");
            break;
    }
    return 0;
}
```

（4）

```
#include<stdio.h>
int main()
{
    int a,b;
    scanf("%d%d", &a, &b);
    printf("a=%d, b=%d.\n", a, b);
    a=a^b;
    b=a^b;
    a=a^b;
    printf("a=%d, b=%d.\n", a, b);
}
```

（5）

```
#include<stdio.h>
/* a>0 */
void print_binary(int a)
{
    if(a)
    {
        print_binary(a>>1);
        printf("%d",a&1);
    }
}
int main()
{
    int a;
    scanf("%d", &a);
    print_binary(a);
    return 0;
}
```

实验十　文　　件

（1）

```
#include<stdio.h>
int main()
{
    FILE *f;
    f = fopen("实验 1.txt", "w+"); //根据实际情况更改桌面的绝对目录
    fputs("Hello World !\n", f);
    fclose(f);
    printf("successful\n");
    getch();
    return 0;
}
```

（2）

```
#include<stdio.h>
int main()
{
    char ch;
    FILE *fp;
    if ((fp=fopen("实验 2.txt", "w")) = = NULL) //桌面目录需根据自己的计算机调整
    {
        printf("打开文件失败\n");
        return;
    }
    while ((ch = getchar()) != '\n')
        fputc(ch, fp);
    fclose(fp);
    printf("Write Done!");
    getch();
    return 0;
}
```

（3）

```
#include<stdio.h>
int main()
{
    char text;
    FILE *fp;
    if ((fp = fopen("实验 3.txt", "r")) = = NULL)
    {
        printf("打开失败,请新建实验 3.txt！");
```

```
        return 0;
    }
    while ((text = fgetc(fp)) != EOF)
        putchar(text);
    fclose(fp);
    getch();
    return 0;
}
```

（5）

```
#include<stdio.h>
#include<stdlib.h>
int main()
{
    FILE *fp;
    char ch;
    int countBig = 0;
    int countSmall = 0;
    int contNum = 0;
    int countEnter = 0;
    int countSpace = 0;
    int countOther = 0;
    if ((fp = fopen("实验 4.txt", "r")) = = NULL)
    {
        printf("文件打开失败,请新建实验 4.txt！ \n");
        return;
    }
    else{
        while ((ch = fgetc(fp)) != EOF)
        {
            if (ch >= 'A' && ch <= 'Z')
                countBig++;
            else if (ch >= 'a' && ch <= 'z')
                countSmall++;
            else if (ch >= '0' && ch <= '9')
                contNum++;
            else if (ch = = '\n')
                countEnter++;
            else if (ch = = ' ')
                countSpace++;
            else
                countOther++;
        }
        printf("大写字母:%d,小写字母:%d,数字:%d,换行:%d,空格:%d,其他:%d\n", countBig,
        countSmall, contNum, countEnter, countSpace, countOther);
```

```
    }
    fclose(fp);
    getch();
    return 0;
}
```

（6）

```
#include<stdio.h>
int main()
{
    FILE *fp;
    char detail;
    if ((fp = fopen("实验 5.txt", "w")) = = NULL)
    {
        printf("Failed to open!\n");
        exit(0);
    }
    printf("Please input a string of characters end with '#'： ");
    detail = getchar();
    while (detail != '#') {
        fputc(detail, fp);
        detail = getchar();
    }
    printf("successful");
    fclose(fp);
    getch();
    return 0;
}
```

（7）

```
#include<stdio.h>
#include<stdlib.h>
int main() {
    FILE *fp1, *fp2;
    char detail;
    if ((fp1 = fopen("file_1.txt", "r")) = = NULL)
    {
        printf("Failed to open\n");
        exit(0);
    }
    if ((fp2 = fopen("file_2.txt", "a+")) = = NULL){
        printf("Failed to open\n");
        exit(0);
    }
    while ((detail = fgetc(fp1)) != EOF){
        fputc(detail, fp2);
```

```
    }
    fclose(fp1);
    fclose(fp2);
    printf("已将 file_1 合并至 file_2");
    getch();
    return 0;
}
```

（8）

```
#include <stdio.h>
#include <string.h>
struct Student
{
    int num;
    char name[100];
    float score[3];
};
struct Student stu[]={{1, "小周", 80, 85, 75},
{2, "小李", 60, 58, 56},
{3, "小朱", 70, 72, 78},
{4, "小方", 98, 100, 96},
{5, "小何", 66, 82, 62}};
void save(int);
void show(int);
int main()
{   int n = 5;
    show(n);
    save(n);
    getch();
    return 0;
}
void show(int n)
{
    int i;
    printf("学号    姓名    C 语言    高等数学    大学英语\n");
    printf("——————————————————————————————————————————\n");
    for(i=0; i < n; i++)
    {
        printf("%d\t%s\t%.0f\t%.0f\t%.0f\t",stu[i].num,stu[i].name,stu[i]. score[0],stu[i].score[1],
        stu[i].score[2]);
        printf("\n");
    }
}
void save(int n)
{
```

```
    FILE *fp;
    int i;
    fp=fopen("in.txt","w");
    for(i=0;i<n;i++)
    {
    fprintf(fp,"%d %s %f %f %f\n",stu[i].num,stu[i].name,stu[i].score[0], stu[i].score[1],
    stu[i].score[2]);
    }
    fclose(fp);
    printf("已完成保存\n");
}
```

第三章　测试题及解析

测　试　题

一、选择题（每小题 3 分，共 72 分）

1. 阅读下列程序说明和程序，在每小题提供的若干可选答案中，挑选一个正确答案。

【程序说明】求 2/3+3/4+4/5+5/6+6/7…前 10 项之和。

运行示例：

```
sum = 8.396789
```

【程序】

```
#include <stdio.h>
int main()
{    int i, b = 2;
     double s;
     ___(1)___
     for(i = 1; ___(2)___; i++){
          s = s + ___(3)___;
          ___(4)___
     }
     printf("sum = %f\n", s);
     return 0;
}
```

【供选择的答案】

（1）A. s=0;　　B. s=1;　　C. s=−1;　　D. ;

（2）A. i<10　　B. i<=10　　C. i>10　　D. i>=10

（3）A. double(b)/b+1　　B. b/(b+1)　　C. 1.0*b/(b+1)　　D. 1.0*b/ b+1

（4）A. b++;　　B. b=b+2;　　C. b=b−1;　　D. ;

2. 阅读下列程序说明和程序，在每小题提供的若干可选答案中，挑选一个正确答案。

【程序说明】输入一个 3×4 的二维数组，找出最大元素以及它的行下标和列下标，并写入文本文件 a.txt。

运行示例：

```
Enter a array(3*4):
7    18    0   −5
2    −1    6    3
```

```
-10   8    9    -2
a.txt 中的内容：max = a[0][1] = 18
```

【程序】

```
#include <stdio.h>
int main()
{    int i, j, row, col, max, a[3][4];
     FILE *fp;
     printf("Enter array(3*4)：\n");
     for(i = 0; i < 3; i++)
          for(j = 0; j < 4; j++)
               scanf("%d", &a[i][j]);
     ____(5)____;
     row = col = 0;
          for(i = 0; i < 3; i++)
               for(j = 0; j < 4; j++)
                    if(a[i][j] > max ){
                         ____(6)____;
                         row = i;
                         col = j;
                    }
     ____(7)____
     fprintf(fp, "max = a[%d][%d] = %d\n", row, col, ____(8)____);
     fclose(fp);
     return 0;
}
```

【供选择的答案】

（5）A. max = a[0][0]　　B. max = &a[0][0]　　C. a[row][col] = 0　　D. max=100

（6）A. max = a[row][col]　　B. a[i][j] = max

C. max = a[i][j]　　D. a[row][col] = max

（7）A. fp=fopen(“a.txt”,“w”);　　B. fp=fopen(“a.txt”,“r”);

C. fopen(“a.txt”,“w”);　　D. fopen(“a.txt”,“r”);

（8）A. a[i][j]　　B. a[row][col]　　C. a[j][i]　　D. a[col][row]

3. 阅读下列程序说明和程序，在每小题提供的若干可选答案中，挑选一个正确答案。

【程序说明】函数 reverse (char *s) 将字符串 s 逆置。例如，字符串"123abc"，经过逆置后变为"cba321"。主函数从键盘读取一个字符串，调用函数 reverse (char *s)后，将逆置后的字符串输出。

【程序】

```
#include <stdio.h>
#include <string.h>
void reverse(char *s)
{    char    *str, ch;
     if (*s = ='\0')    return;
     str=____(9)____;
     while (s < str)    {
```

```
                ch = *s ;
                *s = *str;
                *str = ch;
                ________(10)________
            }
    }
    int main()
    {   char   str[80];
        int   i=0;
        ____(11)____;
        ____(12)____;
        printf("%s", str) ;
        return 0;
    }
```

【供选择的答案】

（9）A. strlen(s)　　B. strlen(s)−1　　C. s+strlen(s)　　D. s+strlen(s)−1

（10）A. str− −;　　B. str++; s− −;　　C. s++;　　D. str− −; s++;

（11）A. gets(str)　　B. getchar(str)

C. scanf(“%s”, &str)　　D. scanf(“%c”, str)

（12）A. reverse(char *str)　　B. reverse (char str[])

C. reverse(str)　　D. str= reverse(str)

4. 阅读下列程序并回答问题，在每小题提供的若干可选答案中，挑选一个正确答案。

【程序 1】

```
#include <stdio.h>
int main()
{   int i, m = 14, y = 0;
    for (i = 2; i <= m/2; i++)
        if (m % i = = 0)
        {   y++ ;
            continue;
        }
    printf("%d", y);
    return 0;
}
```

【程序 2】

```
#include <stdio.h>
int main()
{   int i, m = 14, y = 0;
    for (i = 2; i <= m/2; i++)
        if (m % i = = 0)
        {   y++ ;
            break;
        }
    printf("%d", y);
    return 0;
}
```

【程序 3】

```
#include <stdio.h>
int main()
{   char choice='2';
    switch(choice){
        case '1': printf("A");
        case '2': printf("B");
        case '3': printf("C");
                  break;
        default:  printf("D");
    }
    return 0;
}
```

【程序 4】

```
#include <stdio.h>
int main()
{   int j, k, s1, s2;
    s1 = s2 = 0;
    for (j = 1; j <= 4; j++) {
        s1++;
        for (k = 1; k <= j; k++)
            s2++;
    }
    printf("%d  %d", s1, s2);
    return 0;
}
```

【供选择的答案】

（13）程序 1 运行时，输出________。

A. 0　　B. 1　　C. 2　　D. 3

（14）程序 2 运行时，输出________。

A. 0　　B. 1　　C. 2　　D. 3

（15）程序 3 运行时，输出________。

A. B　　B. BC　　C. BCD　　D. ABCD

（16）程序 4 运行时，输出________。

A. 0　10　　B. 4　0　　C. 4　4　　D. 4　10

5. 阅读下列程序并回答问题，在每小题提供的若干可选答案中，挑选一个正确答案。

```
#include <stdio.h>
#define  M(x, y)  x*y
int  s=0;
void  f1()
{   int  k = 1;
    s = s + k;
    k++;
}
```

```
void    f2( int n )
{    if(n>3)
          f2(n/4);
     printf("%d", n%4);
}
int main()
{    int    i, a = 2, b = 3;
     printf("%d\n", M(a+b, a-b));
     printf("%d\n", s);
     for( i=1; i<3; i++)
     f1();
     printf("%d\n", s);
     f2(100);
     return 0;
}
```

【供选择的答案】

（17）程序运行时，第 1 行输出________。

A. −1　　B. −5　　C. 5　　D. 7

（18）程序运行时，第 2 行输出________。

A. 0　　B. 1　　C. 2　　D. 3

（19）程序运行时，第 3 行输出________。

A. 0　　B. 1　　C. 2　　D. 3

（20）程序运行时，第 4 行输出________。

A. 1210　　B. 0121　　C. 100　　D. 0

6. 阅读下列程序并回答问题，在每小题提供的若干可选答案中，挑选一个正确答案。

【程序 1】

```
#include <stdio.h>
int main( )
{    int    k = 0;
     char    ch, a[10], *s[10] = {"123","231","312","321"};
     while ((ch = getchar())!='\n' && k < 9)
          if (ch>='5' && ch<='8')
               a[k++] = ch;
     a[k]='\0';
     for (k = 0; a[k]!= '\0'; k++)
          printf("%s", s[('9'−a[k])−1]);
     return 0;
}
```

【程序 2】

```
#include <stdio.h>
#include <string.h>
struct    stud
{
     char    name[10];
     int    score[2];
}*p;
```

```
int main()
{    int i = 0;
     struct stud t[4]={{"Lisa",98,87},{"Tom",89,86},{"John",68,79}, {"Lili",94,90}};
     p=t+2;
     printf("%s \n", t[0].name);
     printf("%d\n", p->score[0] + p->score[1]);
     return 0;
}
```

（21）程序 1 运行时，输入 56#，输出________。

A. 321 312　　B. 123 321　　C. 231　　D. 231 312

（22）程序 1 运行时，输入 79#，输出________。

A. 321 312　　B. 123 321　　C. 231　　D. 231 312

（23）程序 2 运行时，第 1 行输出________。

A. Lisa　　B. Tom　　C. John　　D. Lili

（24）程序 2 运行时，第 2 行输出________。

A. 185　　B. 175　　C. 184　　D. 147

二、编程题（共 28 分）

1. 输入实数 x，然后按下式计算并输出 y 的值。（8 分）

$$y=\begin{cases}\sqrt{x}-2 & 0\leqslant x\leqslant 4\\ x^4+\dfrac{x}{3} & 4<x\leqslant 8\\ 2x+\sin x & x<0\text{或}x>8\end{cases}$$

2. 输入 80 个实数，存放在数组 a 中，计算并输出平均值，统计并输出这 80 个数中小于平均值的数的个数。（10 分）

3. 按下面要求编写程序。（10 分）

（1）定义函数 fact(k)，其功能是计算 $1!+2!+3!+\cdots+k!$的值并返回。函数返回值的类型是 double。

（2）编写 main()函数，输入正整数 n 和实数 x，调用（1）中的函数 fact(k)，计算表达式 s 的值并输出。

$$s=\frac{x}{1!}+\frac{x^2}{1!+2!}+\frac{x^3}{1!+2!+3!}+\cdots+\frac{x^n}{1!+2!+3!+\cdots+n!}$$

测试题答案及解析

一、选择题（每小题 3 分，共 72 分）

1. ABCA　注意：整除的特点，强制类型转换的格式。

2. ACAB　注意：求最大值和最小值的算法，文件的打开方式。

3．DDAC　注意：字符串的输入方式，函数调用时的传值、传地址方式的区别，数组名也是地址。

4．CBBD　注意：continue 和 break 的区别，break 在 switch 语句中的作用，switch 语句的执行顺序，双重循环中语句执行的顺序。

5．CACA　注意：带参数的宏替换，全局变量、局部变量、静态局部变量的区别，递归函数的调用。

6．ACAD　注意：指针数组、结构体指针的用法。

二、编程题（共 28 分）

（解法不唯一，仅供参考）

1.

```
#include <stdio.h>
#include <math.h>
int main()
{   double x,y;
    scanf("%lf",&x);
    if (x>=0&&x<=4)
          y =sqrt(x) -2;
    else  if (x>4 && x<=8)
              y =x*x*x*x+x/3;
          else
              y=2*x+sin(x);
    printf("x=%f，y=%f\n",x,y);
    return 0;
}
```

2.

```
#include <stdio.h>
#define N 80
int main()
{    int i=0, count=0;
     double a[N], aver=0;
     for(i=0;i<N;i++) {
         scanf("%lf",&a[i]);
         aver+=a[i];
     }
     aver/=N;
     for(i=0;i<N;i++)
     if(a[i]<aver)
          count++;
     printf("aver=%f,count=%d\n",aver,count);
     return 0;
}
```

3.

```
double fact(int k)
{    double s=0,t=1;
     int i;
     for(i=1;i<=k;i++) {
         t=t*i;
         s+=t;
     }
     return s;
}

#include <stdio.h>
int main()
{    int i,n;
     double s=0, x, t=1;
     scanf("%d %lf ", &n, &x);
     for(i=1;i<=n;i++) {
         t=t*x;
         s+=t/fact(i);
     }
     printf("s=%f\n",s);
     return 0;
}
```

第四章　编程练习题

1. 编写程序，输入 3 个数字（实数），若含负数，则输出“不合法输入”；若不能构成三角形，则输出“无法构成三角形”。再根据三角形的类型分别输出结果，包含等边三角形、等腰三角形（与等边区分）、直角三角形、普通三角形。

运行示例，运行时分别输入“1 3 5↙”“3 4 5↙”。

```
请输入3个边长：
1 3 5↙
无法构成三角形

请输入3个边长：
3 4 5↙
直角三角形
```

2. 编写程序，输入一个字符，若该字符是小写字母，则转换成大写字母并输出；若该字符是大写字母，则输出 ASCII 码；若该字符是数字，则转换成整数并输出；若为其他类型，则输出与输入相同的字符。

运行示例，运行时输入“a↙”。

```
请输入字符：a↙
转换大写：A
```

3. 编写程序，输入一个年份，判断是否是闰年。满足下列条件之一的都是闰年：

（1）年份是 4 的倍数，且不是 100 的倍数；

（2）年份是 400 的倍数。

运行示例，运行时输入“2020↙”。

```
请输入年份：
2020↙
闰年
```

4. 编写程序，先输入四则运算符号，再输入两个实数。判断运算符，并进行相应运算，输出运算式子（实数和结果均保留 2 位小数）。另外，需判断运算符的合法性，注意除法运算时除数不可为 0。

运行示例，运行时分别输入“*↙”“2 6↙”。

```
请输入运算符：*↙
请输入两个操作数：2 6↙
2.00 * 6.00 = 12.00
```

5. 编写程序，输入行驶里程（公里，实数）和等待时间（分钟，实数），计算出租车的费用（保留 1 位小数）。费用计算标准如下：

（1）起步里程为 5 公里，起步费 15 元；

（2）行驶 5 公里至 15 公里，每公里收 2 元；

（3）行驶超过 15 公里时，15 公里以上的部分每公里收 3 元；

（4）营运过程中，因乘客需求停车时，按每 5 分钟 2 元计收（不满 5 分钟按 5 分钟收费）。

运行示例，运行时输入“10 12↙”。

```
输入里程和时间：10 12↙
31.0
```

6. 编写程序，输入整数，按要求输出相应的值。

（1）该数既不是 3 的倍数又不是 7 的倍数，输出 0。

（2）该数是 3 的倍数而不是 7 的倍数，输出 1。

（3）该数不是 3 的倍数而是 7 的倍数，输出 2。

（4）该数既是 3 的倍数又是 7 的倍数，输出 3。

运行示例，运行时输入“12↙”。

```
请输入整数：12↙
1
```

7. 编写程序，输入实数 x，计算此时对应的 $f(x)$的值。函数 $f(x)$如下：

$$f(x)=\begin{cases}\ln(x)+\mathrm{e}^{x} & 0<x<10\\ \lfloor x\rfloor+\lg(x) & x\geqslant 10\\ \cos(x)+\sqrt{(-x)} & x\leqslant 0\end{cases}$$ （其中$\lfloor\ \rfloor$为向下取整，所有结果保留 2 位小数）

运行示例，运行时输入“5↙”。

```
请输入 x：5↙
f(x) = 150.02
```

8. 编写程序，输入 3 个整数，输出中位数（提示：可先求出最大数和最小数）。

运行示例，运行时输入“8 5 7↙”。

```
Input 3 integers:
8 5 7↙
median=5
```

9. 编写程序，输入一个浮点数（使用双精度浮点数），计算以下分段函数，并输出计算结果，计算结果保留 3 位小数，$f(x)$的计算定义一个函数实现。

$$y=f(x)=\begin{cases}|x-3| & x>0\\ x^{2}-\sin(x) & x\leqslant 0\end{cases}$$

运行示例，运行时输入“−2↙”。

```
Input x：-2↙
y=f(x)=4.909
```

10. 输入 3 个数 a、b、c（可以是小数），判断这 3 个数作为 3 条边长是否能构成三角形（判断标准：任意两边之和大于第 3 边）。若可以，则输出 Yes，否则输出 No。

运行示例，运行时分别输入“3 4 5↙”“1 2 3↙”。

```
Please input a, b and c:
3 4 5↙
```

```
Can form triangle? Yes

Please input a, b and c:
1 2 3↙
Can form triangle? No
```

11. 输入 3 个数 *a*、*b*、*c*（可以是小数），判断这 3 个数作为 3 条边长是否能构成三角形，以及构成什么三角形（钝角、直角、锐角）。

提示：

（1）若任意两边之和大于第 3 边，则能构成三角形；

（2）在能构成三角形的前提下，如果任意一条边的平方大于其余两边的平方和，则构成钝角三角形；

（3）如果任意一条边的平方等于其余两边的平方和，则构成直角三角形；

（4）其余情况则构成锐角三角形。

运行示例，运行时分别输入“1 3 5↙”“2 2 3↙”“3 4 5↙”“3 3 3↙”。

```
Please input a, b and c:
1 3 5↙
a=1.000000, b=3.000000, c=5.000000 can not form a triangle.

Please input a, b and c:
2 2 3↙
a=2.000000, b=2.000000, c=3.000000 can form a obtuse triangle.

Please input a, b and c:
3 4 5↙
a=3.000000, b=4.000000, c=5.000000 can form a right triangle.

Please input a, b and c:
3 3 3↙
a=3.000000, b=3.000000, c=3.000000 can form a sharp triangle.
```

12. 输入 *a*、*b*、*c* 3 个浮点数，解方程 $ax^2+bx+c=0$。

首先在屏幕上输出方程?*x*x+?*x+?=0（?表示实际的数值，下同）。

分为以下几种情况：

（1）无实数解。

输出“b*b−4*a*c=?, there is no real number solution”。

（2）退化为一次方程，有一个实数解。

输出“x1=?”。

（3）有两个相等的实根。

输出“x1=x2=?”。

（4）有两个不相等的实根。

输出“x1=?, x2=?”。

运行示例，运行时分别输入“2 1 3↙”“0 1 3↙”“1 2 1↙”“1 −5 6↙”。

```
Input  a, b, c:
2 1 3↙
2.000000*x*x+1.000000*x+3.000000=0
b*b−4*a*c=−23.000000, there is no real number solution

Input  a, b, c:
0 1 3↙
0.000000*x*x+1.000000*x+3.000000=0
x1=−3.000000

Input  a, b, c:
1 2 1↙
1.000000*x*x+2.000000*x+1.000000=0
x1=x2=−1.000000

Input  a, b, c:
1 −5 6↙
1.000000*x*x−5.000000*x+6.000000=0
x1=3.000000, x2=2.000000
```

13. 计算阶梯电价。某省阶梯电价收费标准如下：

月用电 50 千瓦时及以下部分，电价为 0.538 元/千瓦时；

月用电 51～200 千瓦时部分，电价为 0.568 元/千瓦时；

月用电 201 千瓦时及以上部分，电价为 0.638 元/千瓦时。

假设某用户月用电 x 千瓦时（x 为非负整数），求该用户该月需要缴纳的电费 y（元）。输入 x，输出 y，保留 3 位小数。

运行示例，运行时分别输入“20↙”“100↙”“300↙”。

```
x=20↙
y=10.760

x=100↙
y=55.300

x=300↙
y=175.900
```

14. 计算阶梯水价。某市的阶梯水价计算如表 4.1 所示。

表 4.1　某市的阶梯水价计算

阶　梯	户年用水量（立方米）	销售价格（元/立方米）
阶梯 1	0～216（含）	2.9
阶梯 2	216～300（含）	3.85
阶梯 3	300 以上	6.7

假设某用户年用水 x 立方米（x 为非负数，可以为小数），求该用户该年需要缴纳的水费

y（元）。输入 x，输出 y，保留 3 位小数。

运行示例，运行时分别输入“100.5↙”“255.4↙”“230.5↙”。

```
x=100.5↙
y=291.450

x=255.4↙
y=778.090

x=330.5↙
y=1154.150
```

15. 输入一个百分制分数（0～100 的整数，保证输入的数在要求范围内，不考虑不合要求的输入），使用表 4.2 的转换关系，转换成等级并输出。使用 switch 实现。

表 4.2　百分制分数的转换关系

百分制分数	等　级
90～100	Excellent
70～89	Good
60～69	Pass
0～59	Fail

运行示例，运行时输入“88↙”。

```
88↙
Good
```

16. 按下列要求编写程序。

（1）编写函数 count(x)，功能是传入一个 int 型的正整数，返回正整数的位数。

（2）编写 main()函数，要求调用（1）中的 count(x)函数，功能是输入一个正整数，得到并输出该数每位上的数字。

运行示例，运行时输入“12345↙”。

```
请输入分解的正整数：12345↙
1 2 3 4 5
```

17. 按下列要求编写程序。

（1）编写函数 judge(x)，功能是传入一个 int 型的整数。若是素数，则返回 1；若不是素数，则返回 0。

（2）编写 main()函数，要求调用（1）中的 judge(x)函数，功能是输入两个正整数 x、y，输出范围在[x, y]内的前 5 个素数（若范围内没有 5 个素数，则输出全部素数）。

运行示例，运行时输入“2 10↙”。

```
请输入 2 个正整数：2 10↙
  2    3    5    7
```

18. 按下列要求编写程序。

（1）编写函数 change(s)，功能是使字符串逆序排列，形成新的字符串。

（2）编写函数 extract(s)，功能是提取字符串中的所有数字，形成新的字符串。

（3）编写 main()函数，要求调用（1）和（2）中的 change(s)和 extract(s)函数，功能是输入字符串 s1、s2，将 s1 逆序排列，提取 s2 中的数字，并将两个字符串合并。

运行示例，运行时分别输入“abc123↙”“456def↙”。

```
abc123↙
456def↙
321cba456
```

19. 按下列要求编写程序。

（1）编写函数 com(a, n)，功能是计算 a+aa+aaa+⋯+aa⋯a(n 个 a)，其中要求 a 为 0 到 9 的正整数，n 为正整数，且返回值的类型为 double。

（2）编写 main()函数，输入 0 到 9 的正整数 a 和正整数 n，要求调用（1）中的 com(a, n)函数，计算下列式子的值并输出（保留 3 位小数）。

$$s=\frac{1!}{a}+\frac{2!}{a+aa}+\cdots+\frac{n!}{a+aa+\cdots+aa\cdots a}$$

运行示例，运行时输入“2 3↙”。

```
输入 a 和 n：2 3↙
s = 0.608
```

20. 按下列要求编写程序。

（1）编写函数 com(n)，功能是计算 $1!-3!+\cdots+(-1)^{n+1}(2n-1)!$，$n$ 为正整数，返回类型是 double。

（2）编写 main()函数，输入正整数 n，计算下列式子的值并输出（保留 3 位小数），要求调用（1）中的函数 com(n)。

$$s=\frac{e^2}{1!}+\frac{e^4}{1!-3!}+\frac{e^6}{1!-3!+5!}+\cdots+\frac{e^{2n}}{1!-3!+\cdots+(-1)^{n+1}(2n-1)!}$$

运行示例，运行时输入“4↙”。

```
输入正整数 n：4↙
s = -0.628
```

21. 按下列要求编写程序。

（1）编写函数 extract(s)，功能是提取字符串中的所有英文字母，形成新的字符串。

（2）编写 main()函数，要求调用（1）中的 extract(s)函数，功能是输入字符串，取出所有的英文字母，并保存至 C 盘文件 1.txt 中（若文件存在，则清除原文件内容后写入；否则，新建文件后写入）。

22. 按下列要求编写程序。

（1）编写函数 num(s, c)，功能是统计字符串 s 中字符 c 的个数，返回类型为 int。

（2）编写 main()函数，要求调用（1）中的 num(s, c)函数，功能是：

随机生成一个全为小写字母的 30 位字符串，并输出字符串；

输入需要统计个数的字母，统计并输出该字母的个数。

提示：第一，小写字母对应的 ASCII 码为 97～122；第二，生成范围在[m, M]的整数需用到 time 和 stdlib 库，步骤如下。

（1）srand(time(0))。

（2）rand () % (M + 1 − m) + m。

23. 按下列要求编写程序。

（1）编写函数 perfect(x)，功能是传入一个 int 型的整数，判断是否为完美数（一个数恰好等于它的因子之和，如 6 的因子是 1、2、3，且 1+2+3=6，故 6 是完美数；如 10 的因子是 1、2、5，且 1+2+5!=10，故 10 不是完美数）。若是，则返回 1；若不是，则返回 0。

（2）编写 main()函数，要求调用（1）中的 perfect(x)函数，功能是输入一个正整数 a，得到所有小于等于 a 的完美数，并将这些数保存至 C 盘文件 1.txt 中（若文件存在，则清除原文件内容后写入；否则，新建文件后写入）。

24. 编写递归函数 void rev_print(const char* str)，将字符串 str 倒序打印。在 main()函数中，从键盘输入一个字符串，并调用编写的 rev_print()函数进行倒序输出。

运行示例，运行时输入“CJLU↙”。

```
Input a string:
CJLU↙
Reversed string:
ULJC
```

25.（1）编写函数 void print_arr(const int* arr, int len)，打印一个数组 arr。（2）编写函数 void rev_partial_elements(int* arr, int m, int n)，arr 指向数组中下标从 m 到 n 的元素，并进行倒序打印。（3）假设数组为[1,2,3,4,5,6]，m=1，n=4，编写 main()函数，打印倒序前和倒序后的数组。

运行示例：

```
[1,2,3,4,5,6]
[1,5,4,3,2,6]
```

26.（1）编写函数 int is_prime(int a)，判断 a 是否为素数。若 a 是素数，则返回 1；若 a 不是素数，则返回 0。（2）在 main()函数中调用 is_prime()函数，输出 100 以内的素数，在每两个数字之间用一个空格分隔。

运行示例：

```
2 3 5 7 11 13 17 19 23 29 31 37 41 43 47 53 59 61 67 71 73 79 83 89 97
```

27.（1）编写函数 int is_leap_year(int a)，判断年份 a 是否为闰年。若 a 是闰年，则返回 1；若 a 是平年，则返回 0。闰年的判断标准：年份能被 4 整除且不能被 100 整除，或年份能被 400 整除。（2）在 main()函数中调用 is_leap_year()函数，输出 2000 年到 2100 年之间的闰年（包含区间端点），每两个年份数字之间用一个空格分隔。

运行示例：

```
2000 2004 2008 2012 2016 2020 2024 2028 2032 2036 2040 2044 2048 2052 2056 2060 2064 2068
2072 2076 2080 2084 2088 2092 2096
```

28. 有一个序列：1/1，2/3，3/5，4/7，5/9，6/11…编写函数 double ser_sum(int n)，返回该数列的前 n 项和。在 main()函数中，输入一个整数 n，打印出数列求和的结果，结果保留 3 位小数。

运行示例，运行时输入“2↙”。

```
Input n: 2↙
```

```
sum=1.667
```

29. 回文数是指一个像 14641 这样“对称”的数，即将这个数的数字按相反的顺序重新排列后，得到的数和原来的数一样。编写一个函数 int is_palindrome(long n)，判断 n 是不是回文数，若是回文数，则返回 1，否则返回 0。函数实现中不允许使用字符串。

运行示例，运行时分别输入“14641↙”“157↙”。

```
Input n：14641↙
14641 is a palindrome number.

Input n：157↙
157 is not a palindrome number.
```

30.（1）定义一个递归函数 int yh_ele(int i, int j)，返回杨辉三角第 i 行第 j 列元素（行号和列号均从 1 开始计算）。（2）编写 main()函数，输入一个整数 n，输出一个 n 行的杨辉三角。

运行示例，运行时输入“5↙”。

```
Input n：5↙
```

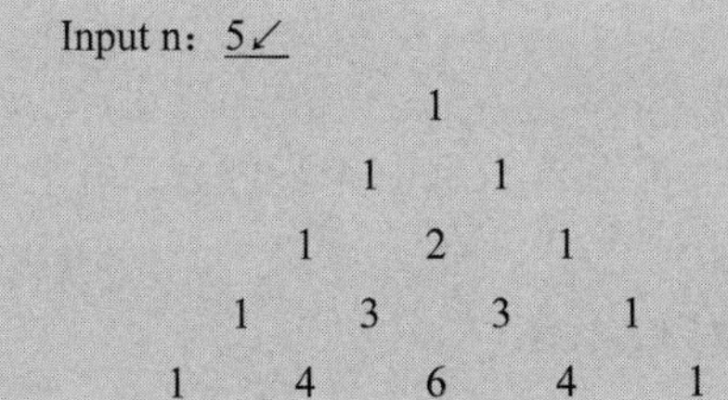

31. 编写字符串复制函数 char *my_strcpy(char *dest, const char *src)，将 src 指向的字符串复制到 dest 指针指向的空间，并返回指向新复制的字符串的指针。当遇到以下情况时不进行复制，并返回 NULL 指针。

① dest 或 src 为 NULL。

② dest 指针指向的字符串存储空间与 src 字符串的存储空间有重叠部分，复制过程会导致 src 指向的字符串内容被修改。

注意：不可使用任何字符串处理的库函数。

编写 main()函数，从键盘输入一个字符串，存到字符数组 str1 中，并调用 my_strcpy()函数将其复制到字符数组 str2 中，打印 str2 的内容。

运行示例，运行时输入“cjlu↙”。

```
Input str1:
cjlu↙
str2:
cjlu
```

32. 编写程序，为一维数组 S[50]随机赋值为 1 到 100 的正整数，然后将数组 S 降序排列，最后输出数组 S 中最大的 10 个元素的平均值和排列后的新数组（每行输出 10 个）。

提示：生成范围在[m, M]的整数需用到 time 和 stdlib 库，步骤如下。

（1）srand(time(0))。

（2）rand () % (M + 1 − m) + m。

33. 编写程序，以矩阵形式输出一个 3×7 的数组。要求：前 5 列为键盘输入的正数，第 6 列为前 5 列的平均值（保留 1 位小数），第 7 列为前 5 列中的最大值。

运行示例，运行时分别输入“1 2 3 4 5↙”“6 7 8 9 0↙”。

```
1 2 3 4 5↙
6 7 8 9 0↙
1.0   2.0   3.0   4.0   5.0   3.0   5.0
6.0   7.0   8.0   9.0   0.0   6.0   9.0
```

34. 已知二维数组$\begin{bmatrix} 10 & -5 & 22 \\ -8 & 51 & 6 \\ 9 & 8 & -11 \\ -66 & 0 & 2 \end{bmatrix}$，编写程序，使该数组的行和列元素互换，得到新数组，输出新数组，并统计其中小于元素平均值的个数。

运行示例：

```
10    -8    9  -66
-5    51    8    0
22     6  -11    2
个数为 5
```

35. 编写程序，统计某学生表演的得分（需删除一个最高分和一个最低分，再求平均分，结果保留 2 位小数）。10 位评委的分数需要从键盘输入。

运行示例，运行时输入“90 90 80 100 70 90 95 85 90 100↙”。

```
请输入 10 位评委的分数：
90 90 80 100 70 90 95 85 90 100↙
平均分为 90
```

36. 编写程序，对输入的字符串进行加密。规则：若该位是字母，则循环右移 1 位；若该位不是字母，则不改变（可使用 string 库）。

运行示例，运行时输入“18Zac*↙”。

```
输入需要加密的文字：
18Zac*↙
加密后的文字为：
18Abd*
```

37. 编写程序，为 5×5 的二维数组随机赋值为−50 到 50 的正整数，然后将数组中所有为负数的元素取相反值，最后输出变换后的数组，并计算该数组对角线上元素的总和。

提示：对角线上的元素行数与列数相同。生成范围在[*m*, *M*]的整数需用到 time 和 stdlib 库，步骤如下。

（1）srand(time(0))。

（2）rand () % (M+1−m)+m。

38. 已知二维数组$\begin{bmatrix} -5 & 1 & 0 & 13 \\ 8 & 5 & 9 & 6 \\ 7 & 3 & 2 & 4 \\ 6 & -6 & 12 & 8 \end{bmatrix}$，编写程序，在此数组中求某一类数，要求该类数在它所在的行中最小，在它所在的列中最大。若存在，则输出所有的该类数；若不存在，则输出不存在。

39. 编写程序，随机生成一个 10 位数，输出该数。然后输入一个数字，删除第 1 个等于该数字的位数，最后输出新生成的数。

提示：

10 位数可看成一个含 10 个元素的数组，数组中每个元素都是个位数。

生成范围在[*m*, *M*]的整数需用到 time 和 stdlib 库，步骤如下。

（1）srand(time(0))。

（2）rand () % (M+1−m)+m。

40. 某个班级有 5 个学生，每个学生有 3 门课程。将学生成绩从键盘输入，存入二维数组中，每行对应一个学生，每列对应一门课程。计算每个学生所有课程的平均分，并按平均分从高到低排序。打印排序后的成绩表（打印时不打印学生编号）。

运行示例，运行时分别输入“78 85 62↙”“79 63 92↙”“93 81 78↙”“89 92 95↙”“98 93 91↙”。

```
Input the scores (5 students * 3 courses):
Student 1:
78 85 62↙
Student 2:
79 63 92↙
Student 3:
93 81 78↙
Student 4:
89 92 95↙
Student 5:
98 93 91↙

Sorted scores:
------------------------------------------------------------
course 1      course 2      course 3      average
------------------------------------------------------------
98.00         93.00         91.00         94.00
89.00         92.00         95.00         92.00
93.00         81.00         78.00         84.00
79.00         63.00         92.00         78.00
78.00         85.00         62.00         75.00
------------------------------------------------------------
```

41. 编写一个矩阵相乘的程序，计算 C=A*B，其中矩阵的元素均为整数。

运行示例，运行时分别输入“5 2↙4 7↙3 0↙”“7 8 4 3↙6 4 2 7↙”。

```
Input matrix A (3*2):
5 2↙
4 7↙
```

```
3 0↙
Input matrix B (2*4):
7 8 4 3↙
6 4 2 7↙
C=A*B
    47    48    24    29
    70    60    30    61
    21    24    12     9
```

42. 编写程序，输入5个整数存入数组中，求这5个整数的中位数。

运行示例，运行时输入“19 2 5 1 7↙”。

```
Input array:
19 2 5 1 7↙
median=5
```

43. 编写程序，实现有序数组合并。输入元素从小到大有序的数组a和b，长度均为4，将其合并到一个长度为8的数组c中，要求数组c中的元素按从小到大顺序存放。程序中不允许使用排序算法。

运行示例，运行时分别输入“1 8 12 15↙”“3 5 13 14↙”。

```
Input array a:
1 8 12 15↙
Input array b:
3 5 13 14↙
Array c:
1 3 5 8 12 13 14 15
```

44. 编写程序，实现正整数大数相加。在一行中以空格分隔，输入两个正整数，输出它们的和。注意：直接用整型（或者长整型）处理不给分。只允许使用scanf()和printf()函数，不允许使用其他任何库函数。

运行示例，运行时输入“99 99↙”。

```
99 99↙
198
```

45. 编写程序，统计子串出现次数。输入字符串a和字符串b，求a中出现子串b的次数。除字符串输入和结果输出外，统计过程中不允许使用任何库函数。

运行示例，运行时分别输入“abccjluuaiscjlusa↙”“cjlu↙”。

```
Input a:
abccjluuaiscjlusa↙
Input b:
cjlu↙
Sub-string count is 2.
```

46. 编写程序，实现研究生入学考试分数统计。假设研究生入学考试有数学、英语、政治、专业课共4门课程考试，某年工科专业的分数线如表4.3所示。

表 4.3 某年工科专业的分数线

分 数	各科成绩和总成绩				
	数学成绩	英语成绩	政治成绩	专业课成绩	总成绩
满分	150	100	100	150	500
复试分数线	59	39	39	59	270

复试上线的条件为：课程成绩≥该课程复试分数线，且 4 门课总成绩≥总成绩复试分数线。现有 n 个考生的考研成绩，请统计这 n 个考生每门课程的平均分、总成绩的平均分，以及复试上线人数。

先输入考生总数 n（$n \leqslant 100$），然后输入 n 行，每行依次输入一个考生的数学、英语、政治、专业课成绩。最终输出这 n 个考生中每门课程的平均分（保留 2 位小数）、总成绩的平均分（保留 2 位小数），以及复试上线人数。

运行示例，运行时分别输入“3↙”“62 75 40 90↙ 57 80 92 135↙ 143 95 96 140↙”。

```
Input n：3↙
Input scores：
62 75 40 90↙
57 80 92 135↙
143 95 96 140↙
Average scores：
    87.33    83.33    76.00   121.67   368.33
Total students that passed exam：1.
```

47. 编写程序，从键盘输入一个字符串，存到字符数组 str 中，然后将 str 中所有数字字符删除，输出修改后的 str。要求直接在 str 数组上修改，除 str 外，不允许使用其他数组。输入的字符串长度不超过 100。

运行示例，运行时输入“12C8J870LU0↙”。

```
12C8J870LU0↙
CJLU
```

附录 A　ASCII 码表

十进制数	字　符	十进制数	字　符	十进制数	字　符	十进制数	字　符
0	NULL 空	32	space	64	@	96	`
1	SOH 标题开始	33	!	65	A	97	a
2	STX 正文开始	34	"	66	B	98	b
3	ETX 正文结束	35	#	67	C	99	c
4	EOT 传输结束	36	$	68	D	100	d
5	ENQ 请求	37	%	69	E	101	e
6	ACK 收到通知	38	&	70	F	102	f
7	BEL 响铃	39	'	71	G	103	g
8	BS 退格	40	(	72	H	104	h
9	HT 水平制表	41	)	73	I	105	i
10	LF 换行	42	*	74	J	106	j
11	VT 垂直制表	43	+	75	K	107	k
12	FF 换页	44	,	76	L	108	l
13	CR 回车	45	−	77	M	109	m
14	SO 不用切换	46	.	78	N	110	n
15	SI 启用切换	47	/	79	O	111	o
16	DLE 数据传送换码	48	0	80	P	112	p
17	DC1 设备控制 1	49	1	81	Q	113	q
18	DC2 设备控制 2	50	2	82	R	114	r
19	DC3 设备控制 3	51	3	83	S	115	s
20	DC4 设备控制 4	52	4	84	T	116	t
21	NAK 否定应答	53	5	85	U	117	u
22	SYN 同步	54	6	86	V	118	v
23	ETB 结束传送块	55	7	87	W	119	w
24	CAN 取消	56	8	88	X	120	x
25	EM 媒介结束	57	9	89	Y	121	y
26	SUB 取代	58	:	90	Z	122	z
27	ESC 换码	59	;	91	[	123	{
28	FS 文件分隔	60	<	92	\	124	|
29	GS 分组	61	=	93	]	125	}
30	RS 记录分隔	62	>	94	^	126	~
31	US 单元分隔	63	?	95	_	127	DEL

附录 B　常用标准库函数

1. 数学函数 math.h

sqrt(x)：计算 x 的平方根。

pow(x,y)：计算 x 的 y 次方。

exp(x)：计算 e 的 x 次方。

abs(x)：计算整型数 x 的绝对值。

fabs(x)：计算浮点数 x 的绝对值。

log(x)：计算 x 的自然对数。

log10(x)：计算 x 的对数（底为 10）。

sin(x)：计算 $\sin(x)$的值，x 为弧度。

cos(x)：计算 $\cos(x)$的值。

asin(x)：计算 $\sin^{-1}(x)$的值。

atan(x)：计算 $\tan^{-1}(x)$的值 。

2. 字符处理函数 ctype.h

int isalnum(char c)：判断 c 是否是数字或字母。

int isdigit(char c)：判断 c 是否是数字字符。

int isalpha(char c)：判断 c 是否是字母。

int islower(char c)：判断 c 是否是小写字母。

int isupper(char c)：判断 c 是否是大写字母。

int toupper(char c)：转换 c 为大写字母。

int tolower(char c)：转换 c 为小写字母。

3. 字符串函数 string.h

char *strcpy(char *s1,char *s2)：将字符串 s2 复制到 s1 中。

char *strcat(cahr *s1,char *s2)：将字符串 s2 连接到 s1 末尾。

int strcmp(char *s1,char *s2)：比较两个字符串大小。

int strlen(char *string)：计算字符串长度。

4. 输入/输出函数 stdio.h

int scanf(char *format,地址列表)：以指定格式从标准输入设备输入数据至指定内存单元。

int printf(char *format,表达式列表)：以指定格式把表达式列表的值输出至标准输出设备。

int getchar()：从标准输入设备读入一个字符。

char *gets(char *s)：从标准输入设备读取一行字符串并加后缀'\0'到 s。

int putchar(char ch)：把 ch 输出到标准输出设备。

int puts(char *str)：把 str 所指字符串输出到标准设备，将'\0'转成回车换行符。

FILE *fopen(char *filename,char *mode)：以 mode 指定方式打开文件。

int fclose(FILE *fp)：关闭 fp 所指的文件。

int rename(char *oldname,char *newname)：把文件名 oldname 改为 newname。

int feof (FILE *fp)：检查文件是否结束。

int fgetc (FILE *fp)：从 fp 所指文件中读取一个字符。

char *fgets(char *s,int n, FILE *fp)：从 fp 所指的文件中读取一个长度为 n−1 的字符串至 s。

int fputc(char ch, FILE *fp)：把 ch 中字符输出到 fp 所指文件。

int fputs(char *str, FILE *fp)：把 str 所指字符串输出至 fp 所指文件。

int fread(char *pt,unsigned size,unsigned n, FILE *fp)：从 fp 所指文件中读取 n*size 字节数据到 pt 所指文件。

int fscanf (FILE *fp, char *format,地址列表)：从 fp 所指的文件中按指定格式把输入数据存入地址列表所指的内存。

int fprintf(FILE *fp, char *format, args,输出列表)：以指定格式将输出列表输出到 fp 所指文件。

int fwrite(char *pt,unsigned size,unsigned n, FILE *fp)：把 pt 所指向的 n*size 字节数据输入 fp 所指文件。

int fseek (FILE *fp,long n,unsigned int switch)：从起点 switch 移动 fp 所指文件的位置指针。

void rewind(FILE *fp)：将文件位置指针置于文件头。

5. 其他函数 stdlib.h

void *calloc(unsigned n,unsigned size)：分配 n 个数据项的内存空间，每个数据项的大小为 size 字节。

void *free(void *p)：释放 p 所指存储空间（动态分配函数分配的）。

void *malloc(unsigned size)：分配 size 字节的存储空间。

void *realloc(void *p,unsigned size)：把 p 所指分配的内存区域的大小改为 size 字节。

int atoi(char *s)：将字符串 s 转换为整型数。

char * itoa(int value,char *string,int radix)：将整型值 value 以 radix 进制表示法写入 string。

void srand(unsigned a)：初始化随机数发生器。

int rand(void)：产生 0～32767 的随机整数。

void exit(int state)：终止程序执行，返回调用过程，state 为 0 是正常终止，否则为非正常终止。

参 考 文 献

[1] 谭浩强. C 程序设计（第 3 版）[M]. 北京：清华大学出版社，2004.

[2] 陆蓓，易幼庆，楼永坚，汪志勤. C 语言程序设计（第 3 版）[M]. 北京：科学出版社，2014.

[3] 何钦铭，颜晖. C 语言程序设计（第 3 版）[M]. 北京：高等教育出版社，2015.